Microsoft Excel 2016は、やさしい操作性と優れた機能を兼ね備えた統合型表計算ソフトです。
本書は、Excelの問題を繰り返し解くことによって実務に活かせるスキルを習得することを目的とした練習用のドリルです。FOM出版から提供されている次の2冊の教材と併用してお使いいただくことで、学習効果をより高めることができます。

（1）「よくわかるMicrosoft Excel 2016 基礎」（FPT1526）
（2）「よくわかるMicrosoft Excel 2016 応用」（FPT1527）

本書は、**「基礎」**→**「応用」**→**「まとめ」**の構成になっています。
「基礎」は教材（1）に、**「応用」**は教材（2）にそれぞれ対応する内容になっており、章単位で理解度を確認していただくのに適しています。**「まとめ」**は、Excelの知識を総合的に問う問題になっており、学習の総仕上げとしてお使いいただけます。

また、各問題には、教材（1）（2）のどこを学習すれば解答を導き出せるかがひと目でわかるように、ページ番号を記載しています。自力で解答できない問題は、振り返って弱点を補強しながら学習を進められるようになっています。

本書を通して、Excelの知識を深め、実務に活かしていただければ幸いです。

本書を購入される前に必ずご一読ください
本書は、2016年6月現在のExcel 2016（16.0.4312.1000）に基づいて解説しています。
Windows Updateによって機能が更新された場合には、本書の記載のとおりに操作できなくなる可能性があります。あらかじめご了承のうえ、ご購入・ご利用ください。

2016年8月2日
FOM出版

Contents 目次

解答の操作手順は、FOM出版のホームページで提供しています。P.3「5　学習ファイルと解答のダウンロードについて」を参照してください。

Introduction 本書をご利用いただく前に

本書で学習を進める前に、ご一読ください。

1 本書の記述について

操作の説明のために使用している記号には、次のような意味があります。

記述	意味	例
[ ]	キーボード上のキーを示します。	Ctrl　Enter
[ ]+[ ]	複数のキーを押す操作を示します。	Ctrl + End （Ctrl を押しながら End を押す）
《　》	ダイアログボックス名やタブ名、項目名など画面の表示を示します。	《OK》をクリック 《ファイル》タブを選択
「　」	重要な語句や機能名、画面の表示、入力する文字などを示します。	「学習ファイル」を選択 「4月」と入力

学習の前に開くファイル

基礎 P.○○　「よくわかるMicosoft Excel 2016 基礎」（FPT1526）の参照ページ

応用 P.○○　「よくわかるMicosoft Excel 2016 応用」（FPT1527）の参照ページ

※　補足的な内容や注意すべき内容

Hint　問題を解くためのヒント

POINT　知っておくと役立つ知識やスキルアップのポイント

2 製品名の記載について

本書では、次の名称を使用しています。

正式名称	本書で使用している名称
Windows 10	Windows 10 または Windows
Microsoft Excel 2016	Excel 2016 または Excel

3 本書の見方について

本書は、「よくわかるMicrosoft Excel 2016 基礎」（FPT1526）と「よくわかるMicrosoft Excel 2016 応用」（FPT1527）の章構成に合わせて対応するレッスンを用意しています。設問ごとにテキストの参照ページを記載しているので、テキストを参照しながら学習を進められます。

❶テキスト名

対応するテキスト名を記載しています。

❷使用するファイル名

Lessonで使用するファイル名を記載しています。

❸章タイトル

対応する章のタイトルを記載しています。

❹解答ページ

解答のページ番号を記載しています。解答は、FOM出版のホームページで提供しています。ダウンロードしてご利用ください。

❺完成図

Lessonで作成するブックの完成図です。

❻参照ページ

テキストの参照ページを記載しています。

❼注釈

補足的な内容や、注意すべき内容を記載しています。

❽ヒント

問題を解くためのヒントを記載しています。

❾保存するファイル名

作成したブックを保存する際に付けるファイル名を記載しています。
また、Lesson内で使用したファイルについて記載しています。

4 学習環境について

本書を学習するには、次のソフトウェアが必要です。

●Excel 2016

本書を開発した環境は、次のとおりです。

・OS：Windows 10（ビルド10586.318）
・アプリケーションソフト：Microsoft Office Professional Plus 2016
　Microsoft Excel 2016（16.0.4312.1000）
・ディスプレイ：画面解像度　1024×768ピクセル

※インターネットに接続できる環境で学習することを前提に記述しています。
※環境によっては、画面の表示が異なる場合や記載の機能が操作できない場合があります。

◆画面解像度の設定

画面解像度を本書と同様に設定する方法は、次のとおりです。

①デスクトップの空き領域を右クリックします。
②《ディスプレイ設定》をクリックします。
③《ディスプレイの詳細設定》をクリックします。
④《解像度》の ˅ をクリックし、一覧から《1024×768》を選択します。
⑤《適用》をクリックします。

※確認メッセージが表示される場合は、《変更の維持》をクリックします。

◆ボタンの形状

ディスプレイの画面解像度やウィンドウのサイズなど、お使いの環境によって、ボタンの形状やサイズが異なる場合があります。ボタンの操作は、ポップヒントに表示されるボタン名を確認してください。

※本書に掲載しているボタンは、ディスプレイの画面解像度を「1024×768ピクセル」、ウィンドウを最大化した環境を基準にしています。

5 学習ファイルと解答のダウンロードについて

本書で使用する学習ファイルと解答は、FOM出版のホームページで提供しています。ダウンロードしてご利用ください。

ホームページ・アドレス

http://www.fom.fujitsu.com/goods/

ホームページ検索用キーワード

FOM出版

◆ダウンロード

学習ファイルと解答をダウンロードする方法は、次のとおりです。

①ブラウザーを起動し、FOM出版のホームページを表示します。

※アドレスを直接入力するか、キーワードでホームページを検索します。

②《ダウンロード》をクリックします。

③《アプリケーション》の《Excel》をクリックします。

④《Excel 2016 ドリル　FPT1607》をクリックします。

⑤「fpt1607.zip」をクリックします。

⑥ダウンロードが完了したら、ブラウザーを終了します。

※ダウンロードしたファイルは、パソコン内のフォルダー《ダウンロード》に保存されます。

◆ダウンロードしたファイルの解凍

ダウンロードしたファイルは圧縮されているので、解凍（展開）します。

ダウンロードしたファイル「fpt1607.zip」を《ドキュメント》に解凍する方法は、次のとおりです。

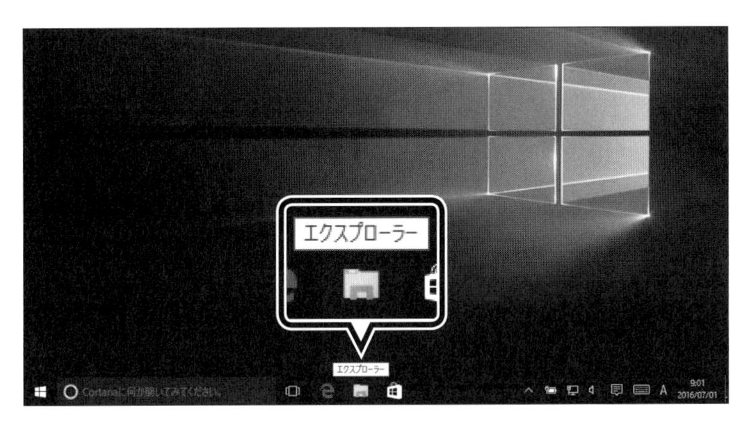

①デスクトップ画面を表示します。

②タスクバーの （エクスプローラー）をクリックします。

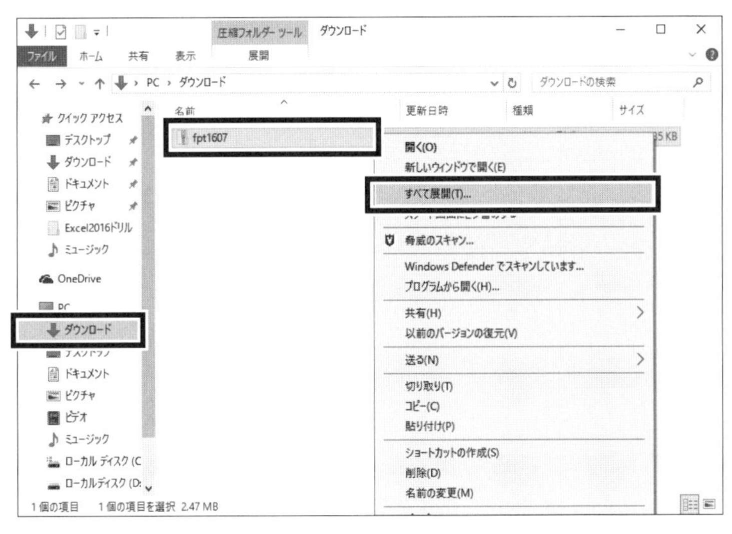

③《ダウンロード》をクリックします。

※《ダウンロード》が表示されていない場合は、《PC》をダブルクリックします。

④ファイル「fpt1607」を右クリックします。

⑤《すべて展開》をクリックします。

圧縮 (ZIP 形式) フォルダーの展開

展開先の選択とファイルの展開

ファイルを下のフォルダーに展開する(F):

C:¥Users¥富士太郎¥Downloads¥fpt1607　参照(R)...

☑完了時に展開されたファイルを表示する(H)

⑥《参照》をクリックします。

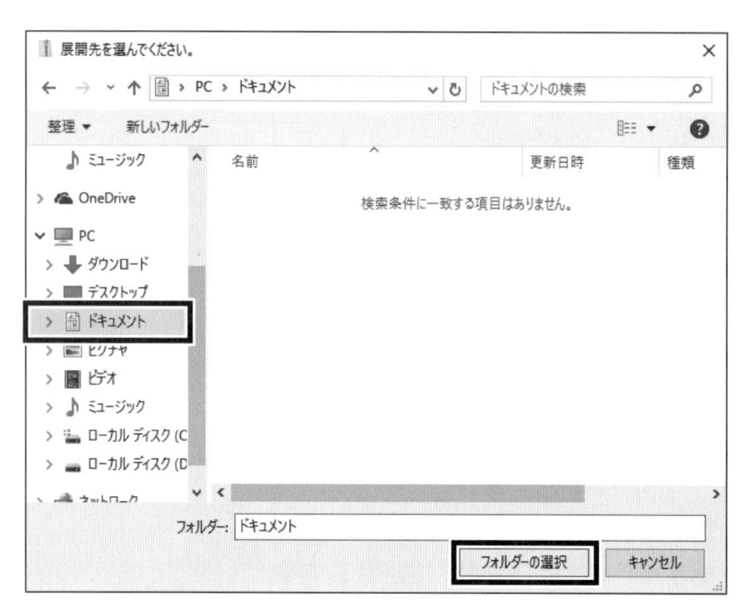

⑦《ドキュメント》をクリックします。

※《ドキュメント》が表示されていない場合は、《PC》をダブルクリックします。

⑧《フォルダーの選択》をクリックします。

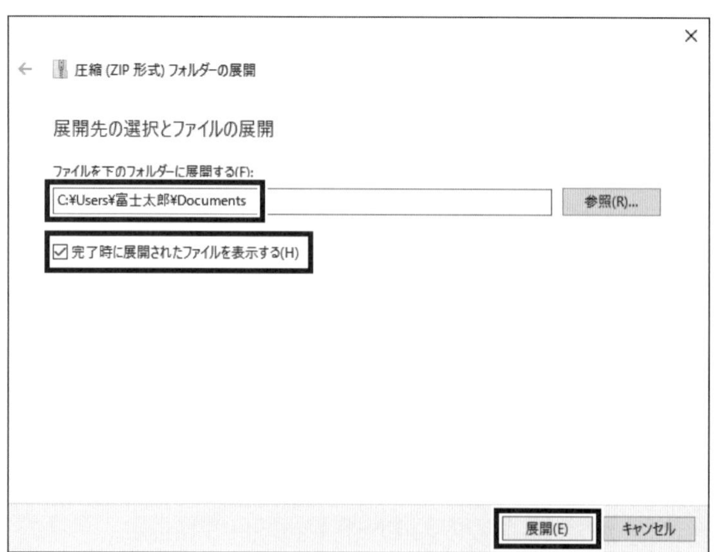

⑨《ファイルを下のフォルダーに展開する》が「C:¥Users¥(ユーザー名)¥Documents」に変更されます。

⑩《完了時に展開されたファイルを表示する》を☑にします。

⑪《展開》をクリックします。

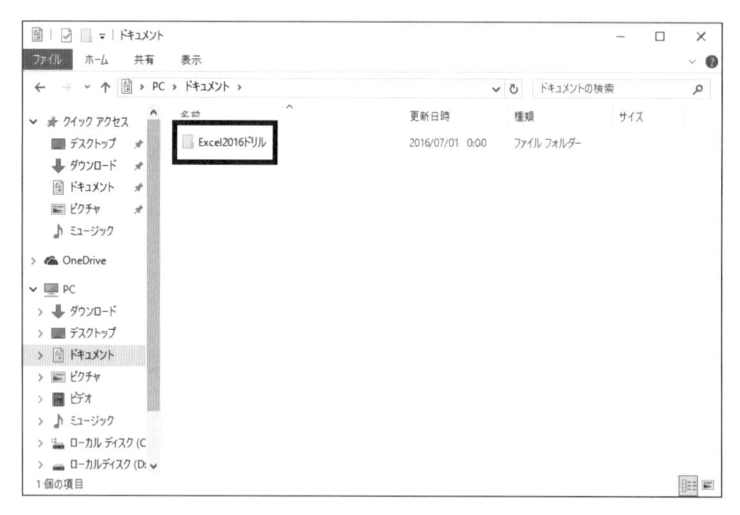

⑫ファイルが解凍され、《ドキュメント》が開かれます。

⑬フォルダー「Excel2016ドリル」が表示されていることを確認します。

※すべてのウィンドウを閉じておきましょう。

◆ダウンロードしたファイルの一覧

フォルダー「Excel2016ドリル」には、学習ファイルや解答が入っています。タスクバーの （エクスプローラー）→《PC》→《ドキュメント》をクリックし、一覧からフォルダーを開いて確認してください。

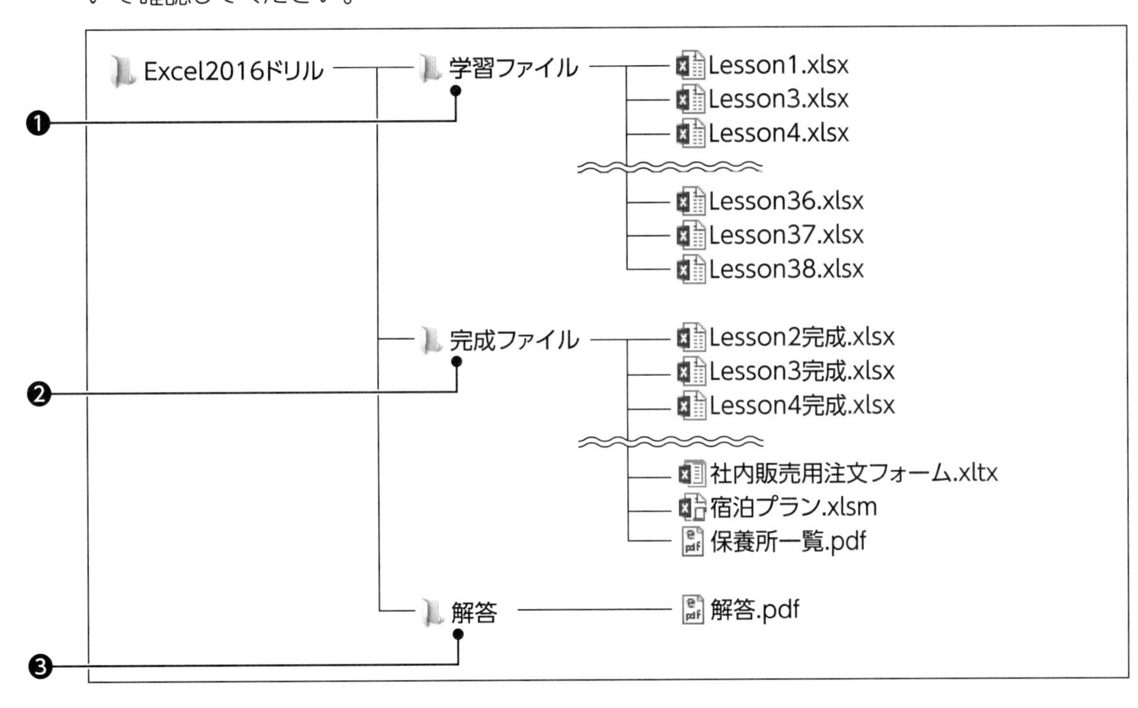

❶フォルダー「学習ファイル」･･･Lessonで使用するファイルが収録されています。
❷フォルダー「完成ファイル」･･･Lessonで完成したファイルが収録されています。
❸フォルダー「解答」･･････････Lessonの標準的な解答を記載した「解答.pdf」が収録されています。

◆学習ファイルの場所

本書では、学習ファイルの場所を《ドキュメント》内のフォルダー「Excel2016ドリル」としています。《ドキュメント》以外の場所に解凍した場合は、フォルダーを読み替えてください。

◆学習ファイル利用時の注意事項

ダウンロードした学習ファイルを開く際、そのファイルが安全かどうかを確認するメッセージが表示される場合があります。学習ファイルは安全なので、《編集を有効にする》をクリックして、編集可能な状態にしてください。

保護ビュー　注意—インターネットから入手したファイルは、ウイルスに感染している可能性があります。編集する必要がなければ、保護ビューのままにしておくことをお勧めします。　編集を有効にする(E)　×

基礎　第1章　第2章　第3章　第4章　第5章　第6章　第7章　第8章　第9章
応用　第1章　第2章　第3章　第4章　第5章　第6章　第7章　第8章
まとめ

◆解答の印刷

フォルダー「Excel2016ドリル」内のフォルダー「**解答**」には、Lesson1からLesson38の設問に対する標準的な解答を記載した「**解答.pdf**」が収録されています。

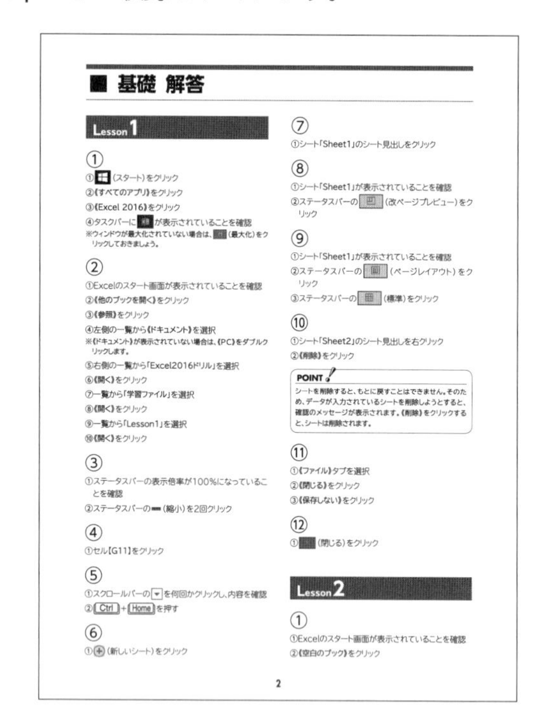

■ 基礎 解答

Lesson 1

①
①(スタート)をクリック
②《すべてのアプリ》をクリック
③《Excel 2016》をクリック
④タスクバーにが表示されていることを確認
※ウィンドウが最大化されていない場合は、(最大化)をクリックしておきましょう。

②
①Excelのスタート画面が表示されていることを確認
②《他のブックを開く》をクリック
③《参照》をクリック
④左側の一覧から《ドキュメント》を選択
※《ドキュメント》が表示されていない場合は、《PC》をダブルクリックします。
⑤右側の一覧から「Excel2016ドリル」を選択
⑥《開く》をクリック
⑦一覧から「学習ファイル」を選択
⑧《開く》をクリック
⑨一覧から「Lesson1」を選択
⑩《開く》をクリック

③
①ステータスバーの表示倍率が100%になっていることを確認
②ステータスバーの (縮小)を2回クリック

④
①セル【G11】をクリック

⑤
①スクロールバーのを何回かクリックし、内容を確認
②Ctrl + Home を押す

⑥
①(新しいシート)をクリック

⑦
①シート「Sheet1」のシート見出しをクリック

⑧
①シート「Sheet1」が表示されていることを確認
②ステータスバーの(改ページプレビュー)をクリック

⑨
①シート「Sheet1」が表示されていることを確認
②ステータスバーの(ページレイアウト)をクリック
③ステータスバーの(標準)をクリック

⑩
①シート「Sheet2」のシート見出しを右クリック
②《削除》をクリック

POINT
シートを削除すると、もとに戻すことはできません。そのため、データが入力されているシートを削除しようとすると、確認のメッセージが表示されます。《削除》をクリックすると、シートは削除されます。

⑪
①《ファイル》タブを選択
②《閉じる》をクリック
③《保存しない》をクリック

⑫
①(閉じる)をクリック

Lesson 2

①
①Excelのスタート画面が表示されていることを確認
②《空白のブック》をクリック

2

「解答.pdf」を開いて解答を印刷する方法は、次のとおりです。

①タスクバーの (エクスプローラー)をクリックします。
②《**ドキュメント**》をクリックします。
※《ドキュメント》が表示されていない場合は、《PC》をダブルクリックします。
③フォルダー「**Excel2016ドリル**」をダブルクリックします。
④フォルダー「**解答**」をダブルクリックします。
⑤「**解答.pdf**」をダブルクリックします。
※アプリを選択する画面が表示された場合は、《Microsoft Edge》を選択します。
⑥ (詳細)をクリックします。
⑦《**印刷**》をクリックします。
⑧《**プリンター**》に出力するプリンターの名前が表示されていることを確認します。
※表示されていない場合は、をクリックし一覧から選択します。
⑨《**印刷**》をクリックします。

6 本書の最新情報について

本書に関する最新のQ&A情報や訂正情報、重要なお知らせなどについては、FOM出版のホームページでご確認ください。

ホームページ・アドレス

http://www.fom.fujitsu.com/goods/

ホームページ検索用キーワード

FOM出版

よくわかる

Basic

Microsoft®
Excel® 2016

基礎

Lesson 1

第1章

Excelの基礎知識

解答 ► P.2

次のようにブックを操作しましょう。

▶表示モードを改ページプレビューに切り替え

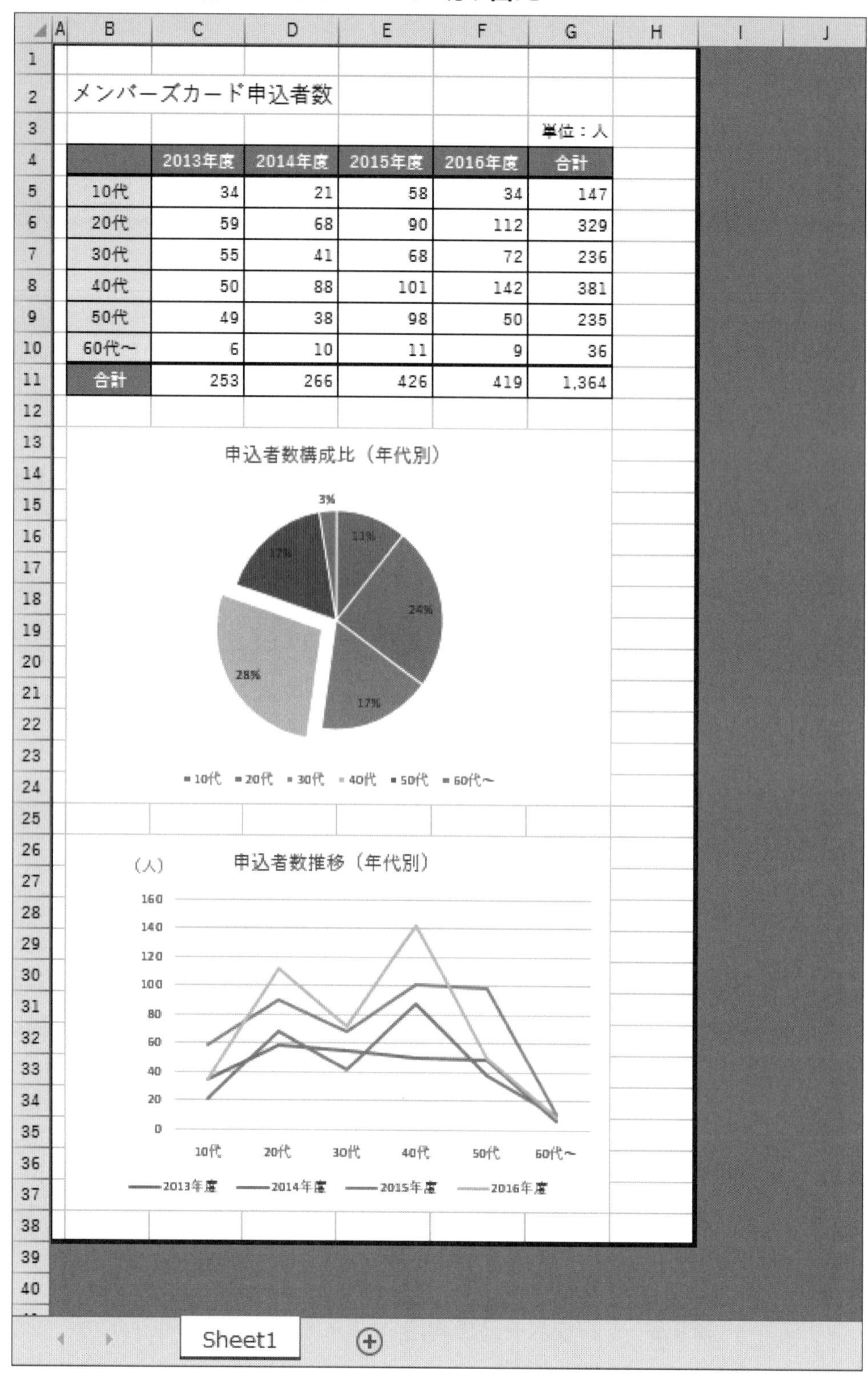

基礎 P.14

① Excelを起動しましょう。

基礎 P.16

② ブック「Lesson1」を開きましょう。

※ブック「Lesson1」は《ドキュメント》のフォルダー「Excel2016ドリル」のフォルダー「学習ファイル」に保存されています。

基礎 P.26

③ 画面の表示倍率を80%に縮小しましょう。

基礎 P.21

④ セル【G11】をアクティブセルにしましょう。

基礎 P.22

⑤ 画面を下にスクロールして、シートの内容をすべて確認しましょう。
次に、セル【A1】をアクティブセルにしましょう。

Hint Ctrl + Home を押すと、アクティブセルをセル【A1】に効率よく移動できます。

基礎 P.27

⑥ 新しいシートを挿入しましょう。

基礎 P.28

⑦ シート「Sheet1」に切り替えましょう。

基礎 P.24

⑧ シート「Sheet1」の表示モードを改ページプレビューに切り替えましょう。

基礎 P.24

⑨ シート「Sheet1」の表示モードをページレイアウトに切り替えましょう。
次に、表示モードを標準に切り替えましょう。

基礎 P.27

⑩ シート「Sheet2」を削除しましょう。

Hint シートを削除するには、削除するシートのシート見出しを右クリック→《削除》を使います。

基礎 P.29

⑪ ブック「Lesson1」を保存せずに閉じましょう。

基礎 P.31

⑫ Excelを終了しましょう。

Lesson 2 第2章 データの入力

解答 ► P.2

完成図のような表を作成しましょう。

Excelを起動し、スタート画面を表示しておきましょう。

●完成図

	A	B	C	D	E	F	G	H
1						10月4日		
2		2016年上期Tシャツ販売数						
3								
4			デザインA	デザインB	デザインC	合計		
5		4月	27	52	31	110		
6		5月	30	80	35	145		
7		6月	48	81	58	187		
8		7月	52	92	72	216		
9		8月	59	87	60	206		
10		9月	30	75	47	152		
11		合計	246	467	303	1016		
12								
13								
14								

基礎 P.34 ① 新しいブックを作成しましょう。

基礎 P.36,40 ② 次のデータを入力しましょう。

セル【F1】：10月4日	セル【E4】：デザインB
セル【B2】：上期Tシャツ販売数	セル【F4】：デザインC
セル【C5】：4月	セル【G4】：売上数
セル【D4】：デザインA	

Hint 10月4日は「10/4」と入力します。

基礎 P.42 ③ セルを編集状態にして、セル【B2】の「上期Tシャツ販売数」を「2016年上期Tシャツ販売数」に修正しましょう。

基礎 P.41 ④ データを上書きして、セル【G4】の「売上数」を「合計」に修正しましょう。

基礎 P.62 ⑤ オートフィルを使って、セル範囲【C6：C10】に「5月」「6月」「7月」「8月」「9月」と入力しましょう。

基礎 P.50 ⑥ セル【G4】の「合計」をセル【C11】にコピーしましょう。

基礎 P.39 ⑦ 次のデータを入力しましょう。

セル【D5】：27	セル【E5】：52	セル【F5】：31
セル【D6】：30	セル【E6】：80	セル【F6】：35
セル【D7】：48	セル【E7】：81	セル【F7】：58
セル【D8】：52	セル【E8】：92	セル【F8】：72
セル【D9】：59	セル【E9】：87	セル【F9】：60
セル【D10】：30	セル【E10】：75	セル【F10】：47

基礎 P.45 ⑧ セル【D11】に「デザインA」の数値を合計する数式を入力しましょう。
次に、セル【G5】に「4月」の数値を合計する数式を入力しましょう。
なお、数式には演算記号とセル参照を使います。

基礎 P.64 ⑨ オートフィルを使って、セル【D11】の数式をセル範囲【E11:F11】にコピーしましょう。
次に、セル【G5】の数式をセル範囲【G6:G11】にコピーしましょう。

基礎 P.48 ⑩ セル範囲【C4:G11】をセル【B4】を開始位置として移動しましょう。

基礎 P.59 ⑪ ブックに「Lesson2完成」と名前を付けて、フォルダー「Excel2016ドリル」のフォルダー「学習ファイル」に保存しましょう。

※ブックを閉じておきましょう。

第2章

データの入力

解答 ► P.4

完成図のような表を作成しましょう。

File OPEN フォルダー「学習ファイル」のブック「Lesson3」を開いておきましょう。

●完成図

	A	B	C	D	E	F	G
1		新商品「4つのカラーで健康」シリーズ週間売上（9月4日～9月10日）					
2							
3		ドリンク					
4		商品No.	商品名	単価	数量	売上金額	
5		1001	赤ドリンク	200	128	25600	
6		1002	黄ドリンク	200	153	30600	
7		1003	緑ドリンク	200	97	19400	
8		1004	白ドリンク	200	52	10400	
9		合計			430	86000	
10							
11		サプリメント					
12		商品No.	商品名	単価	数量	売上金額	
13		2001	赤サプリ	500	89	44500	
14		2002	黄サプリ	500	102	51000	
15		2003	緑サプリ	500	128	64000	
16		2004	白サプリ	500	61	30500	
17		合計			380	190000	
18							

基礎 P.63 ① オートフィルを使って、セル範囲【B7:B9】に「1002」「1003」「1004」と1ずつ増加する数値を入力しましょう。

基礎 P.63 ② オートフィルを使って、セル範囲【D7:D9】にそれぞれ「210」の数値を入力しましょう。

基礎 P.45 ③ セル【F6】に「赤ドリンク」の「売上金額」を求める数式を入力しましょう。
なお、数式には演算記号とセル参照を使います。

Hint 「売上金額」は「単価×数量」で求めます。「×」は「*(アスタリスク)」を使います。

基礎 P.64 ④ オートフィルを使って、セル【F6】の数式をセル範囲【F7:F9】にコピーしましょう。

基礎 P.45 ⑤ セル【E10】に「数量」の数値を合計する数式を入力しましょう。
なお、数式には演算記号とセル参照を使います。

基礎 P.64 ⑥ オートフィルを使って、セル【E10】の数式をセル【F10】にコピーしましょう。

基礎 P.50 ⑦ セル範囲【B5:F10】をセル【B13】を開始位置としてコピーしましょう。

基礎 P.52 ⑧ セル範囲【B14:E17】のデータをクリアしましょう。

基礎 P.36,39,47,63 ⑨ セル範囲【B14:E17】に次のデータを入力し、合計の計算結果が再計算されることを確認しましょう。

セル【B14】:2001	セル【C14】:赤サプリ	セル【D14】:500	セル【E14】:89
セル【B15】:2002	セル【C15】:黄サプリ	セル【D15】:500	セル【E15】:102
セル【B16】:2003	セル【C16】:緑サプリ	セル【D16】:500	セル【E16】:128
セル【B17】:2004	セル【C17】:白サプリ	セル【D17】:500	セル【E17】:61

Hint セル範囲【B15:B17】とセル範囲【D15:D17】の数値は、オートフィルを使って入力すると効率的です。

基礎 P.59 ⑩ ブックに「Lesson3完成」と名前を付けて、フォルダー「Excel2016ドリル」のフォルダー「学習ファイル」に保存しましょう。

基礎 P.48 ⑪ セル範囲【B4:F18】をセル【B3】を開始位置として移動しましょう。

基礎 P.61 ⑫ ブックを上書き保存しましょう。

※ブックを閉じておきましょう。

Lesson 4 第3章 表の作成

解答 ► P.5

完成図のような表を作成しましょう。

フォルダー「学習ファイル」のブック「Lesson4」を開いておきましょう。

●完成図

	A	B	C	D	E	F	G	H
1								
2		売上予算実績表						
3						単位：千円		
4			売上予算	売上実績	実績累計	予算達成率		
5		4月	3,000	4,560	4,560	152%		
6		5月	3,000	3,200	7,760	107%		
7		6月	3,000	3,750	11,510	125%		
8		7月	4,000	2,980	14,490	75%		
9		8月	5,000	3,010	17,500	60%		
10		9月	5,000	6,980	24,480	140%		
11		合計	23,000	24,480		106%		
12		平均	3,833	4,080				
13								
14								
15								

基礎 P.88-92

① セル【B2】に次の書式を設定しましょう。

フォント　　　：HGP明朝E
フォントサイズ：22ポイント
フォントの色　：青
太字
斜体

Hint 斜体を設定するには、《ホーム》タブ→《フォント》グループの I (斜体)を使います。

基礎 P.75

② 表全体に格子の罫線を引きましょう。

基礎 P.95

③ C列からE列までの列幅を10文字分に設定しましょう。

基礎 P.95

④ F列の列幅を最長データに合わせて自動調整しましょう。

基礎 P.85

⑤ セル範囲【B6:B13】とセル範囲【C5:F5】の項目名を中央揃えにしましょう。

基礎 P.85

⑥ セル【F4】の「単位:千円」を右揃えにしましょう。

基礎 P.45,64

⑦ セル範囲【E6:E11】に「実績累計」を求める数式を入力しましょう。

Hint セル【E6】にはセル【D6】を参照する数式を入力します。別のセルの値を表示させるには、「=」を入力してから参照するセルをクリックします。セル【E7】以降には「前月の実績累計+当月の売上実績」の数式を入力します。

基礎 P.64,71

⑧ セル範囲【C12:D12】に「合計」を求める数式を入力しましょう。

基礎 P.64,73

⑨ セル範囲【C13:D13】に「平均」を求める数式を入力しましょう。

基礎 P.45,64

⑩ セル範囲【F6:F12】に「予算達成率」を求める数式を入力しましょう。

Hint 「予算達成率」は「売上実績÷売上予算」で求めます。「÷」は「/(スラッシュ)」を使います。

基礎 P.80

⑪ セル範囲【F6:F12】をパーセントで表示しましょう。

基礎 P.79

⑫ セル範囲【C6:D13】とセル範囲【E6:E11】に3桁区切りカンマを付けましょう。

基礎 P.77

⑬ 完成図を参考に、セル範囲【E12:E13】とセル【F13】に斜線を引きましょう。

基礎 P.98

⑭ 3行目を削除しましょう。

※ブックに「Lesson4完成」と名前を付けて、フォルダー「学習ファイル」に保存し、閉じておきましょう。

第3章 表の作成

解答 ► P.6

完成図のような表を作成しましょう。

フォルダー「学習ファイル」のブック「Lesson5」を開いておきましょう。

●完成図

ホームページ・ユーザーアクセス数

単位：千

サービス	4月	5月	6月	7月	8月	9月	合計
ニュース	145	180	162	95	156	125	863
天気	135	143	172	89	79	145	763
路線	168	98	72	87	101	91	617
グルメ	91	88	118	128	131	121	677
求人	76	93	118	116	125	176	704
その他	40	51	58	55	88	43	335
合計	655	653	700	570	680	701	3,959

▶C列とK列を表示

ホームページ・ユーザーアクセス数

単位：千

サービス	目標数	4月	5月	6月	7月	8月	9月	合計	達成率
ニュース	800	145	180	162	95	156	125	863	107.9%
天気	800	135	143	172	89	79	145	763	95.4%
路線	700	168	98	72	87	101	91	617	88.1%
グルメ	650	91	88	118	128	131	121	677	104.2%
求人	500	76	93	118	116	125	176	704	140.8%
その他	450	40	51	58	55	88	43	335	74.4%
合計	3,900	655	653	700	570	680	701	3,959	101.5%

基礎 P.75 ① 表全体に格子の罫線を引きましょう。

基礎 P.76 ② セル範囲【B10:K10】の下に太線を引きましょう。

基礎 P.71 ③ セル【C11】に「目標数」の「合計」を求める数式を入力しましょう。

基礎 P.71 ④ セル範囲【D11:I11】とセル範囲【J5:J11】に「合計」を求める数式を入力しましょう。

Hint 合計する数値と、合計を表示するセル範囲を選択して、Σ(合計)をクリックすると、縦横の合計を一度に求めることができます。

基礎 P.45,64 ⑤ セル範囲【K5:K11】に「達成率」を求める数式を入力しましょう。
なお、数式をコピーするときに書式はコピーされないようにします。

Hint
・「達成率」は「各サービスの合計÷目標数」で求めます。
・書式をコピーせずに数式だけをコピーするには、数式をコピーした直後に表示される (オートフィルオプション)を使います。

基礎 P.79 ⑥ セル範囲【C5:J11】に3桁区切りカンマを付けましょう。

基礎 P.80-82 ⑦ セル範囲【K5:K11】を小数点第1位までのパーセントで表示しましょう。

基礎 P.95 ⑧ A列の列幅を3文字分に設定しましょう。

基礎 P.97 ⑨ 4行目から11行目までの行の高さを21ポイントに設定しましょう。

基礎 P.91-92 ⑩ セル範囲【B4:K4】とセル【B11】にセルのスタイル「アクセント1」と太字を設定しましょう。

基礎 P.92 ⑪ セル範囲【B5:B10】にセルのスタイル「20%-アクセント1」を設定しましょう。

基礎 P.101 ⑫ C列とK列を非表示にしましょう。

※ブックに「Lesson5完成」と名前を付けて、フォルダー「学習ファイル」に保存し、閉じておきましょう。

第3章 表の作成

解答 ► P.7

完成図のような表を作成しましょう。

File OPEN フォルダー「学習ファイル」のブック「Lesson6」を開いておきましょう。

●完成図

	A	B	C	D	E	F	G	H
1							No.03001	
2							2016年10月7日	
3								
4		御請求書						
5								
6								
7		保井商事株式会社		御中				
8						FOMギフト株式会社		
9						販売1課	吉岡　信行	
10						〒105-XXXX		
11						東京都港区海岸1丁目X-X		
12						ニューピア竹芝14F		
13			毎度格別のお引き立てを賜り厚くお礼申し上げます。			TEL 03-5401-XXXX		
14			下記のとおりご請求申し上げます。			FAX 03-5401-XXXX		
15								
16		御請求金額		¥91,368				
17								
18		No.	商品コード	商品名	単価	数量	金額	
19		1	W1001	タオルセット	1,300	7	9,100	
20		2	H1003	菓子詰め合わせ	2,000	10	20,000	
21		3	Y1005	清水焼皿セット	5,000	5	25,000	
22		4	G1008	味わいギフトセット	3,500	3	10,500	
23		5	G1009	グルメセット	4,000	5	20,000	
24					小計		84,600	
25					消費税　8%		6,768	
26					合計金額		91,368	
27								
28			※お振込期日：2016年11月30日					
29			※お振込先口座：フジヤマ銀行　海岸支店　当座　010XXX					
30								
31		備考	お振込手数料は御社ご負担にてお願い致します。					
32								
33								
34								
35								
36								
37								
38								
39								

基礎 P.83

① セル【G2】の「10月7日」の表示形式を「2016年10月7日」に変更しましょう。

基礎 P.78,86,90-91

② セル範囲【B4:G4】を結合してセルの中央に配置し、次の書式を設定しましょう。

塗りつぶしの色：青、アクセント5
フォントの色　：白、背景1
太字

基礎 P.99-100 ③ 4行目と5行目の間に2行挿入しましょう。挿入した行の書式はクリアします。

Hint 書式をクリアするには、行を挿入した直後に表示される（挿入オプション）を使います。

基礎 P.88 ④ シート「Sheet1」のすべてのセルのフォントを「游明朝」に変更しましょう。

Hint すべてのセルを選択するには、全セル選択ボタンを使います。

基礎 P.75 ⑤ セル範囲【F8:G14】の罫線を解除しましょう。

Hint 罫線を解除するには、《ホーム》タブ→《フォント》グループの（下罫線）の→《枠なし》を使います。

基礎 P.45,64 ⑥ セル範囲【G19:G23】に「金額」を求める数式を入力しましょう。

Hint 「金額」は「単価×数量」で求めます。

※セル範囲【G19:G23】にはあらかじめ3桁区切りカンマが設定されています。

基礎 P.71 ⑦ セル【G24】に「金額」の「小計」を求める数式を入力しましょう。

※セル【G24】にはあらかじめ3桁区切りカンマが設定されています。

基礎 P.45 ⑧ セル【G25】に「小計」の「消費税」を求める数式を入力しましょう。

Hint 「消費税」は「小計×消費税率」で求めます。「消費税率」は、セル【F25】を使います。

※セル【G25】にはあらかじめ3桁区切りカンマが設定されています。

基礎 P.71 ⑨ セル【G26】に「小計」と「消費税」の「合計金額」を求める数式を入力しましょう。

※セル【G26】にはあらかじめ3桁区切りカンマが設定されています。

基礎 P.45 ⑩ セル【D16】にセル【G26】のデータを参照する式を入力しましょう。

基礎 P.80 ⑪ セル【D16】に通貨記号「￥」を付けましょう。

Hint 通貨記号を設定するには、《ホーム》タブ→《数値》グループの（通貨表示形式）を使います。

基礎 P.102 ⑫ 28行目から29行目までを再表示しましょう。

Hint 行を再表示するには、再表示する行の上下の行を選択→選択した行番号を右クリック→《再表示》を使います。

基礎 P.86-87 ⑬ セル範囲【B31:B38】を結合してセルの中央に配置し、縦書きにしましょう。

基礎 P.85-86 ⑭ セル範囲【C31:G38】を結合し、上揃えにしましょう。

※ブックに「Lesson6完成」と名前を付けて、フォルダー「学習ファイル」に保存し、閉じておきましょう。

第4章

数式の入力

解答 ► P.9

完成図のような表を作成しましょう。

フォルダー「学習ファイル」のブック「Lesson7」を開いておきましょう。

●完成図

	A	B	C	D	E	F	G	H	I
1			通信講座〈上期〉申込者数と売上金額						
2									
3		申込者数					単位：人		
4		講座	医療事務	介護事務	管理栄養士	歯科助手	合計		
5		4月	37	26	35	19	117		
6		5月	24	15	29	14	82		
7		6月	28	12	21	15	76		
8		7月	13	4	18	8	43		
9		8月	9	7	16	5	37		
10		9月	22	14	24	11	71		
11		合計	133	78	143	72	426		
12		平均	22.2	13.0	23.8	12.0	71.0		
13									
14		売上金額					単位：円		
15		講座	医療事務	介護事務	管理栄養士	歯科助手	合計		
16		受講料	60,000	45,000	63,000	52,000			
17		4月	2,220,000	1,170,000	2,205,000	988,000	6,583,000		
18		5月	1,440,000	675,000	1,827,000	728,000	4,670,000		
19		6月	1,680,000	540,000	1,323,000	780,000	4,323,000		
20		7月	780,000	180,000	1,134,000	416,000	2,510,000		
21		8月	540,000	315,000	1,008,000	260,000	2,123,000		
22		9月	1,320,000	630,000	1,512,000	572,000	4,034,000		
23		合計	7,980,000	3,510,000	9,009,000	3,744,000	24,243,000		
24		平均	1,330,000	585,000	1,501,500	624,000	4,040,500		
25									
26									
27									

基礎 P.71

① セル範囲【C11:F11】とセル範囲【G5:G11】に「合計」を求める数式を入力しましょう。

基礎 P.64,73,108

② セル範囲【C12:G12】に「平均」を求める数式を入力しましょう。

基礎 P.82

③ セル範囲【C12:G12】を小数点第1位までの表示にしましょう。

基礎 P.45,64,123-124

④ セル範囲【C17:C22】に「医療事務」の「売上金額」を求める数式を入力しましょう。

Hint
・「売上金額」は「受講料×申込者数」で求めます。
・「介護事務」「管理栄養士」「歯科助手」の欄にコピーできるように、「受講料」は行だけを固定します。

※セル【C17】にはあらかじめ3桁区切りカンマが設定されています。

基礎 P.64

⑤ セル範囲【C17:C22】に入力した数式をセル範囲【D17:F22】にコピーしましょう。

基礎 P.71

⑥ セル範囲【C23:F23】とセル範囲【G17:G23】に「合計」を求める数式を入力しましょう。

※セル範囲【C23:F23】【G17:G23】にはあらかじめ3桁区切りカンマが設定されています。

基礎 P.64,73,108

⑦ セル範囲【C24:G24】に「平均」を求める数式を入力しましょう。

※セル範囲【C24:G24】にはあらかじめ3桁区切りカンマが設定されています。

※ブックに「Lesson7完成」と名前を付けて、フォルダー「学習ファイル」に保存し、閉じておきましょう。

Lesson 8　第4章 数式の入力

解答 ► P.10

完成図のような表を作成しましょう。

フォルダー「学習ファイル」のブック「Lesson8」を開いておきましょう。

●完成図

	A	B	C	D	E	F	G	H	I	J	K
1											
2		パソコン試験結果									
3											
4		氏名	性別	年齢	Word	Excel		Word受験者数	13	人	
5		平井　義男	男	29	72	85		Excel受験者数	14	人	
6		岩本　真	男	36		72		受験者総数	19	人	
7		吉川　真由美	女	18	96						
8		浜田　孝治	男	46	58	77		Word平均点	68.2	点	
9		大島　円	女	33	62			Word最高点	96	点	
10		吉岡　未希	女	27		74		Word最低点	47	点	
11		斉藤　芳江	女	52	68	53					
12		下川　省吾	男	31		98		Excel平均点	72.2	点	
13		河本　ゆかり	女	19	65	73		Excel最高点	98	点	
14		佐藤　俊夫	男	28		87		Excel最低点	38	点	
15		横森　光則	男	25	75	92					
16		片岡　耕平	男	21		81					
17		新井　恵	女	28	89						
18		酒井　若子	女	41	63						
19		坂本　和夫	男	18	47	38					
20		山本　瑞穂	女	29	82						
21		富川　治夫	男	53	58	43					
22		伊藤　剛	男	52		89					
23		佐々木　順子	女	37	52	49					
24											
25											
26											

基礎 P.117
①セル【I4】に「Word受験者数」を求める数式を入力しましょう。

基礎 P.117
②セル【I5】に「Excel受験者数」を求める数式を入力しましょう。

基礎 P.119
③セル【I6】に「受験者総数」を求める数式を入力しましょう。

Hint 「受験者総数」は、セル範囲【B5：B23】からデータの個数を数えて求めます。

基礎 P.73
④セル【I8】に「Word平均点」を求める数式を入力しましょう。

基礎 P.114
⑤セル【I9】に「Word最高点」を求める数式を入力しましょう。

基礎 P.115
⑥セル【I10】に「Word最低点」を求める数式を入力しましょう。

基礎 P.73
⑦セル【I12】に「Excel平均点」を求める数式を入力しましょう。

基礎 P.114
⑧セル【I13】に「Excel最高点」を求める数式を入力しましょう。

基礎 P.115
⑨セル【I14】に「Excel最低点」を求める数式を入力しましょう。

基礎 P.82
⑩セル【I8】とセル【I12】を小数点第1位までの表示にしましょう。

※ブックに「Lesson8完成」と名前を付けて、フォルダー「学習ファイル」に保存し、閉じておきましょう。

Lesson 9 第5章 複数シートの操作

解答 ► P.11

完成図のような表を作成しましょう。

フォルダー「学習ファイル」のブック「Lesson9」のシート「Sheet1」を開いておきましょう。

※アクティブシートを切り替えて、各シートの内容を確認しておきましょう。

●完成図

バスツアー売上表(4月)

単位：円

ツアー名	料金	人数	金額
アウトレットショッピングツアー	7,800	52	405,600
ビール工場見学ツアー	5,000	54	270,000
エビカニ食べ放題ツアー	9,800	65	637,000
展望台・水族館ツアー	7,500	70	525,000
歌舞伎観劇ツアー	19,800	29	574,200
スイーツ食べ放題ツアー	4,500	25	112,500
合計			2,524,300

4月 5月 6月

バスツアー売上表(5月)

単位：円

ツアー名	料金	人数	金額
アウトレットショッピングツアー	7,800	46	358,800
ビール工場見学ツアー	5,000	59	295,000
エビカニ食べ放題ツアー	9,800	70	686,000
展望台・水族館ツアー	7,500	56	420,000
歌舞伎観劇ツアー	19,800	45	891,000
スイーツ食べ放題ツアー	4,500	30	135,000
合計			2,785,800

4月 5月 6月

バスツアー売上表(6月)

単位：円

ツアー名	料金	人数	金額
アウトレットショッピングツアー	7,800	36	280,800
ビール工場見学ツアー	5,000	50	250,000
エビカニ食べ放題ツアー	9,800	75	735,000
展望台・水族館ツアー	7,500	66	495,000
歌舞伎観劇ツアー	19,800	41	811,800
スイーツ食べ放題ツアー	4,500	34	153,000
合計			2,725,600

4月 5月 6月

基礎 P.136 ① シート「Sheet2」を右側にコピーしましょう。

基礎 P.129 ② シートの名前を次のようにそれぞれ変更しましょう。

「Sheet1」　：4月
「Sheet2」　：5月
「Sheet2(2)」：6月

基礎 P.41-42 ③ シート「6月」のデータを次のように修正しましょう。

セル【B2】　：バスツアー売上表（6月）
セル【D5】　：36
セル【D6】　：50
セル【D7】　：75
セル【D8】　：66
セル【D9】　：41
セル【D10】：34

基礎 P.131 ④ 3枚のシートを作業グループに設定しましょう。

基礎 P.88-89,91 ⑤ セル【B2】に次の書式を設定しましょう。

フォント　　　：MSP明朝
フォントサイズ：16ポイント
太字

基礎 P.85-86 ⑥ セル範囲【B4:E4】の項目名を中央揃えにしましょう。
次に、セル範囲【B11:D11】を結合し、「合計」を結合したセルの中央に配置しましょう。

基礎 P.78 ⑦ セル範囲【B4:E4】とセル【B11】に塗りつぶしの色「オレンジ、アクセント2、白+基本色60%」を設定しましょう。

基礎 P.45,64,71 ⑧ セル範囲【E5:E10】に「金額」を求める数式を入力しましょう。
次に、セル【E11】に「合計」を求める数式を入力しましょう。

基礎 P.79 ⑨ セル範囲【C5:C10】とセル範囲【E5:E11】に3桁区切りカンマを付けましょう。

基礎 P.95 ⑩ A列の列幅を3文字分、B列の列幅を30文字分に設定しましょう。

基礎 P.21,134 ⑪ セル【A1】をアクティブセルにしましょう。
次に、作業グループを解除しましょう。

※ブックに「Lesson9完成」と名前を付けて、フォルダー「学習ファイル」に保存し、閉じておきましょう。

Lesson 10 第5章 複数シートの操作

解答 ► P.12

完成図のような表を作成しましょう。

File OPEN フォルダー「学習ファイル」のブック「Lesson10」のシート「請求書」を開いておきましょう。
※アクティブシートを切り替えて、各シートの内容を確認しておきましょう。

●完成図

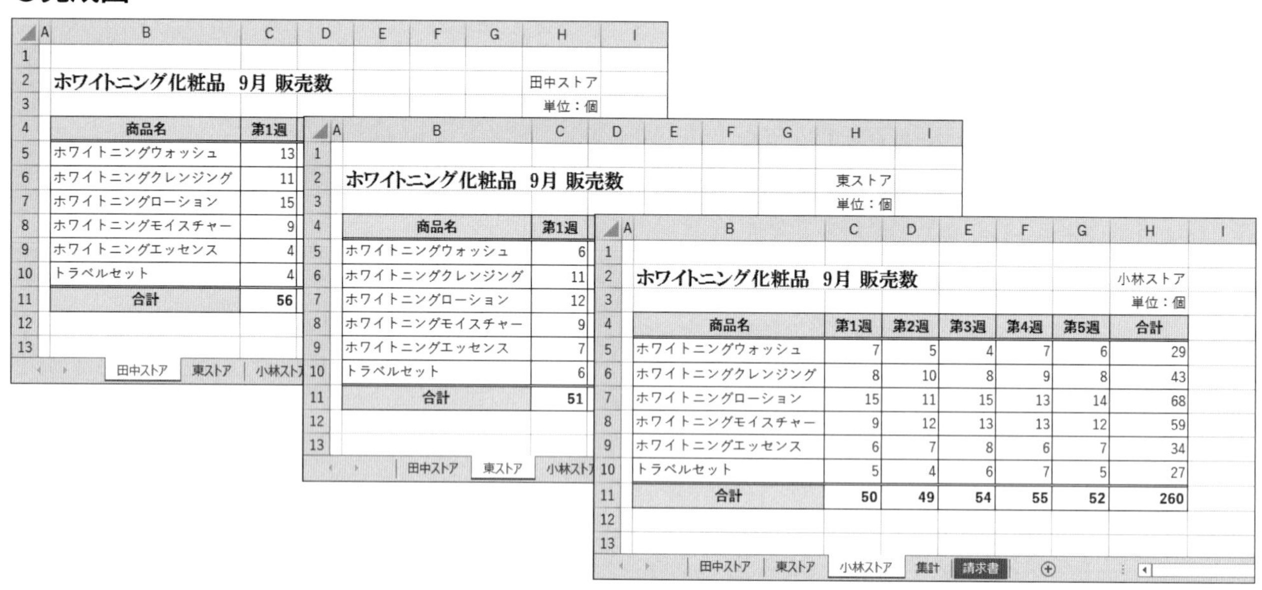

ホワイトニング化粧品　9月 販売数　田中ストア　単位：個

商品名	第1週
ホワイトニングウォッシュ	13
ホワイトニングクレンジング	11
ホワイトニングローション	15
ホワイトニングモイスチャー	9
ホワイトニングエッセンス	4
トラベルセット	4
合計	56

ホワイトニング化粧品　9月 販売数　東ストア　単位：個

商品名	第1週
ホワイトニングウォッシュ	6
ホワイトニングクレンジング	11
ホワイトニングローション	12
ホワイトニングモイスチャー	9
ホワイトニングエッセンス	7
トラベルセット	6
合計	51

ホワイトニング化粧品　9月 販売数　小林ストア　単位：個

商品名	第1週	第2週	第3週	第4週	第5週	合計
ホワイトニングウォッシュ	7	5	4	7	6	29
ホワイトニングクレンジング	8	10	8	9	8	43
ホワイトニングローション	15	11	15	13	14	68
ホワイトニングモイスチャー	9	12	13	13	12	59
ホワイトニングエッセンス	6	7	8	6	7	34
トラベルセット	5	4	6	7	5	27
合計	50	49	54	55	52	260

シート見出し：田中ストア　東ストア　小林ストア　集計　請求書

ホワイトニング化粧品　9月 販売数　集計　単位：個

商品名	第1週	第2週	第3週	第4週	第5週	合計
ホワイトニングウォッシュ	26	20	19	30	18	113
ホワイトニングクレンジング	30	29	26	29	28	142
ホワイトニングローション	42	33	42	36	37	190
ホワイトニングモイスチャー	27	41	43	31	29	171
ホワイトニングエッセンス	17	18	25	18	16	94
トラベルセット	15	13	14	14	12	68
合計	157	154	169	158	140	778

No.03015
2016年10月3日

御請求書

田中ストア　御中

おとわ株式会社
販売部長　山田　大祐
〒112-0013
東京都文京区音羽X-X-X
おとわビル10F
TEL 03-5395-XXXX
FAX 03-5395-XXXX

毎度格別のお引き立てを賜り厚くお礼申し上げます。
下記のとおりご請求申し上げます。

御請求金額	¥567,108

お振込期日：2016年11月30日
お振込先口座：三陸銀行　文京支店　当座101XXX

No.	商品名	単価	数量	金額
1	ホワイトニングウォッシュ	1,800	45	81,000
2	ホワイトニングクレンジング	1,900	47	89,300
3	ホワイトニングローション	2,000	58	116,000
4	ホワイトニングモイスチャー	2,200	63	138,600
5	ホワイトニングエッセンス	3,000	22	66,000
6	トラベルセット	1,900	18	34,200
		小計		525,100
		消費税　8%		42,008
		合計金額		567,108

備考

基礎 P.135 ① シート「請求書」をシート「小林ストア」の右側に移動しましょう。

基礎 P.129,136 ② シート「小林ストア」をシート「小林ストア」の右側にコピーし、コピーしたシートの名前を「集計」に変更しましょう。

基礎 P.41,52 ③ シート「集計」のセル【H2】を「集計」に変更し、セル範囲【C5:G10】のデータをクリアしましょう。

基礎 P.138-140 ④ シート「集計」に、シート「田中ストア」からシート「小林ストア」までの3枚のシートの数値を集計しましょう。
なお、数式をコピーするとき、罫線の種類が変更されないようにします。

基礎 P.141 ⑤ シート「請求書」のセル【B6】に、シート「田中ストア」のセル【H2】のデータを参照する数式を入力しましょう。

基礎 P.142 ⑥ シート「請求書」のセル範囲【G22:G27】に、シート「田中ストア」のセル範囲【H5:H10】をリンク貼り付けしましょう。

基礎 P.45,71 ⑦ シート「請求書」のセル【H28】に「小計」、セル【H29】に「消費税」、セル【H30】に「合計金額」をそれぞれ求める数式を入力しましょう。

Hint 「消費税」は「小計×消費税率」で求めます。「消費税率」は、セル【G29】を使います。
※セル範囲【H28:H30】にはあらかじめ3桁区切りカンマが設定されています。

基礎 P.142 ⑧ シート「請求書」のセル【E16】に、セル【H30】のデータを参照する数式を入力しましょう。
※セル【E16】にはあらかじめ通貨表示形式が設定されています。

基礎 P.130 ⑨ シート「請求書」のシート見出しの色を「青、アクセント5」にしましょう。

※ブックに「Lesson10完成」と名前を付けて、フォルダー「学習ファイル」に保存し、閉じておきましょう。

Lesson 11 第6章 表の印刷

解答 ► P.13

完成図のような表を作成しましょう。

フォルダー「学習ファイル」のブック「Lesson11」を開いておきましょう。

●完成図

全国営業会議資料　　2016/7/1

部門別売上実績(第1四半期)

単位：円

		4月			5月			6月			部門合計		総合計
		飲料部門	食品部門	合計	飲料部門	食品部門	合計	飲料部門	食品部門	合計	飲料部門	食品部門	
札幌	第1営業課	3,200,000	1,600,000	4,800,000	2,300,000	4,800,000	7,100,000	1,900,000	1,800,000	3,700,000	7,400,000	8,200,000	15,600,000
	第2営業課	260,000	5,600,000	5,860,000	2,600,000	1,200,000	3,800,000	1,500,000	2,300,000	3,800,000	4,360,000	9,100,000	13,460,000
	合計	3,460,000	7,200,000	10,660,000	4,900,000	6,000,000	10,900,000	3,400,000	4,100,000	7,500,000	11,760,000	17,300,000	29,060,000
仙台	第1営業課	2,500,000	1,250,000	3,750,000	1,240,000	1,140,000	2,380,000	985,000	1,250,000	2,235,000	4,725,000	3,640,000	8,365,000
	第2営業課	1,250,000	980,000	2,230,000	658,000	560,000	1,218,000	658,000	785,000	1,443,000	2,566,000	2,325,000	4,891,000
	第3営業課	800,000	2,400,000	3,200,000	2,300,000	8,400,000	10,700,000	1,980,000	1,290,000	3,270,000	5,080,000	12,090,000	17,170,000
	合計	4,550,000	4,630,000	9,180,000	4,198,000	10,100,000	14,298,000	3,623,000	3,325,000	6,948,000	12,371,000	18,055,000	30,426,000
東京	第1営業課	2,800,000	2,200,000	5,000,000	3,300,000	810,000	4,110,000	3,000,000	260,000	3,260,000	9,100,000	3,270,000	12,370,000
	第2営業課	4,200,000	1,200,000	5,400,000	2,600,000	2,900,000	5,500,000	3,100,000	1,900,000	5,000,000	9,900,000	6,000,000	15,900,000
	第3営業課	3,800,000	800,000	4,600,000	2,800,000	1,300,000	4,100,000	2,300,000	3,900,000	6,200,000	8,900,000	6,000,000	14,900,000
	第4営業課	2,350,000	985,000	3,335,000	985,000	2,450,000	3,435,000	2,340,000	685,000	3,025,000	5,675,000	4,120,000	9,795,000
	第5営業課	1,000,000	2,430,000	3,430,000	2,200,000	1,850,000	4,050,000	3,230,000	540,000	3,770,000	6,430,000	4,820,000	11,250,000
	合計	14,150,000	7,615,000	21,765,000	11,885,000	9,310,000	21,195,000	13,970,000	7,285,000	21,255,000	40,005,000	24,210,000	64,215,000
静岡	第1営業課	530,000	1,200,000	1,730,000	720,000	599,000	1,319,000	1,326,400	242,900	1,569,300	2,576,400	2,041,900	4,618,300
	第2営業課	870,000	360,000	1,230,000	2,566,000	1,550,000	4,116,000	2,000,000	590,000	2,590,000	5,436,000	2,500,000	7,936,000
	第3営業課	2,000,000	1,900,000	3,900,000	2,694,000	1,280,000	3,974,000	560,000	1,020,000	1,580,000	5,254,000	4,200,000	9,454,000
	第4営業課	259,000	5,454,000	5,713,000	1,388,200	2,514,000	3,902,200	690,000	2,600,000	3,290,000	2,337,200	10,568,000	12,905,200
	合計	3,659,000	8,914,000	12,573,000	7,368,200	5,943,000	13,311,200	4,576,400	4,452,900	9,029,300	15,603,600	19,309,900	34,913,500
名古屋	第1営業課	3,200,000	3,800,000	7,000,000	2,300,000	7,800,000	10,100,000	2,700,000	1,600,000	4,300,000	8,200,000	13,200,000	21,400,000
	第2営業課	4,000,000	120,000	4,120,000	2,500,000	1,200,000	3,700,000	2,600,000	6,000,000	8,600,000	9,100,000	7,320,000	16,420,000
	第3営業課	98,000	568,000	666,000	2,140,000	875,000	3,015,000	2,450,000	685,000	3,135,000	4,688,000	2,128,000	6,816,000
	合計	7,298,000	4,488,000	11,786,000	6,940,000	9,875,000	16,815,000	7,750,000	8,285,000	16,035,000	21,988,000	22,648,000	44,636,000
大阪	第1営業課	3,200,000	800,000	4,000,000	2,200,000	3,400,000	5,600,000	2,000,000	1,800,000	3,800,000	7,400,000	6,000,000	13,400,000
	第2営業課	4,000,000	5,000,000	9,000,000	2,500,000	1,500,000	4,000,000	2,600,000	390,000	2,990,000	9,100,000	6,890,000	15,990,000
	第3営業課	3,400,000	1,500,000	4,900,000	4,800,000	1,600,000	6,400,000	3,000,000	2,500,000	5,500,000	11,200,000	5,600,000	16,800,000
	合計	10,600,000	7,300,000	17,900,000	9,500,000	6,500,000	16,000,000	7,600,000	4,690,000	12,290,000	27,700,000	18,490,000	46,190,000
広島	第1営業課	1,250,000	985,000	2,235,000	983,000	652,000	1,635,000	932,000	832,000	1,764,000	3,165,000	2,469,000	5,634,000
	第2営業課	3,250,000	800,000	4,050,000	1,710,000	912,000	2,622,000	1,010,000	754,000	1,764,000	5,970,000	2,466,000	8,436,000
	合計	4,500,000	1,785,000	6,285,000	2,693,000	1,564,000	4,257,000	1,942,000	1,586,000	3,528,000	9,135,000	4,935,000	14,070,000
福岡	第1営業課	3,000,000	60,000	3,060,000	2,300,000	480,000	2,780,000	2,000,000	3,000,000	5,000,000	7,300,000	3,540,000	10,840,000
	第2営業課	4,100,000	9,000,000	13,100,000	2,500,000	2,300,000	4,800,000	2,600,000	1,300,000	3,900,000	9,200,000	12,600,000	21,800,000
	第3営業課	1,240,000	98,000	1,338,000	56,000	78,000	134,000	1,240,000	78,000	1,318,000	2,536,000	254,000	2,790,000
	合計	8,340,000	9,158,000	17,498,000	4,856,000	2,858,000	7,714,000	5,840,000	4,378,000	10,218,000	19,036,000	16,394,000	35,430,000
	総合計	56,557,000	51,090,000	107,647,000	52,340,200	52,150,000	104,490,200	48,701,400	38,101,900	86,803,300	157,598,600	141,341,900	298,940,500

基礎 P.151 ① 表示モードをページレイアウトに切り替えて、表示倍率を70%にしましょう。

基礎 P.152-153 ② 次のようにページを設定しましょう。

用紙サイズ	：A4
用紙の向き	：横
余白	：狭い

Hint 余白を設定するには、《ページレイアウト》タブ→《ページ設定》グループの（余白の調整）を使います。

基礎 P.156 ③ ヘッダーの左側に「**全国営業会議資料**」という文字列が表示されるように設定しましょう。

基礎 P.154 ④ ヘッダーの右側に現在の日付が表示されるように設定しましょう。

基礎 P.160 ⑤ 表示モードを改ページプレビューに切り替えましょう。

基礎 P.161 ⑥ データが入力されているセル範囲が、1ページにすべて印刷されるように設定しましょう。

⑦ 表が水平方向のページ中央に印刷されるように設定しましょう。

Hint ページ中央の設定は、《ページレイアウト》タブ→《ページ設定》グループの→《余白》タブを使います。

基礎 P.159 ⑧ 印刷イメージを確認しましょう。

基礎 P.159 ⑨ 表を2部印刷しましょう。

※ブックに「Lesson11完成」と名前を付けて、フォルダー「学習ファイル」に保存し、閉じておきましょう。

Lesson 12 第6章 表の印刷

解答 ► P.14

完成図のような表を作成しましょう。

フォルダー「学習ファイル」のブック「Lesson12」を開いておきましょう。

●完成図

2016/7/1

上期売上表

Oriental Café

単位：円

売上日	支店名	商品名	分類	単価	数量	売上金額
4/1	奈良	ダージリン	紅茶	1,200	10	12,000
4/1	和歌山	モカ	コーヒー	1,500	40	60,000
4/4	京都	オレンジペコ	紅茶	1,000	10	10,000
4/5	神戸	アップル	紅茶	1,600	20	32,000
4/5	京都	キリマンジャロ	コーヒー	1,000	15	15,000
4/8	神戸	キリマンジャロ	コーヒー	1,000	50	50,000
4/8	滋賀	モカ	コーヒー	1,500	40	60,000
4/11	大阪	アッサム	紅茶	1,500	30	45,000
4/12	奈良	オリジナルブレンド	コーヒー	1,800	10	18,000
4/15	京都	ダージリン	紅茶	1,200	10	12,000
4/18	和歌山	ダージリン	紅茶	1,200	10	12,000
4/19	和歌山	モカ	コーヒー	1,500	40	60,000
4/19	神戸	モカ	コーヒー	1,500	40	60,000
4/22	滋賀	アップル	紅茶	1,600	65	104,000
4/25	京都	ブルーマウンテン	コーヒー	2,000	50	100,000
4/26	京都	モカ	コーヒー	1,500	40	60,000
4/28	神戸	キリマンジャロ	コーヒー	1,000	10	10,000
5/2	奈良	オリジナルブレンド	コーヒー	1,800	10	18,000
5/6	神戸	アッサム	紅茶	1,500	30	45,000
5/9	京都	アップル	紅茶	1,600	20	32,000
5/9	滋賀	ダージリン	紅茶	1,200	10	12,000
5/9	京都	モカ	コーヒー	1,500	40	60,000
5/10	神戸	オリジナルブレンド	コーヒー	1,800	10	18,000
5/11	奈良	アッサム	紅茶	1,500	30	45,000
5/11	奈良	ダージリン	紅茶	1,200	10	12,000
5/13	大阪	モカ	コーヒー	1,500	30	45,000
5/13	京都	アップル	紅茶	1,600	20	32,000
5/16	和歌山	モカ	コーヒー	1,500	40	60,000
5/20	和歌山	キリマンジャロ	コーヒー	1,000	10	10,000
5/20	神戸	オレンジペコ	紅茶	1,000	10	10,000
5/23	滋賀	キリマンジャロ	コーヒー	1,000	10	10,000

1/4

2016/7/1

単位：円

売上日	支店名	商品名	分類	単価	数量	売上金額
				1,500	30	45,000
				1,800	10	18,000
				1,200	10	12,000
				1,200	10	12,000
				1,500	40	60,000
				1,500	40	60,000
				1,600	80	128,000
				1,500	40	60,000
				2,000	50	100,000
				1,000	10	10,000
				1,200	10	12,000
				1,800	10	18,000
				1,500	30	45,000
				1,500	40	60,000
				1,600	20	32,000
				1,500	30	45,000
				1,800	10	18,000
				1,200	10	12,000
				1,600	20	32,000
				1,500	40	60,000
				1,000	50	50,000
				1,500	40	60,000
				1,000	10	10,000
6/30	京都	キリマンジャロ	コーヒー	1,000	10	10,000
7/1	神戸	オリジナルブレンド	コーヒー	1,800	10	18,000
7/4	奈良	アッサム	紅茶	1,500	30	45,000
7/4	奈良	ダージリン	紅茶	1,200	10	12,000
7/7	滋賀	モカ	コーヒー	1,500	40	60,000
7/7	和歌山	ダージリン	紅茶	1,200	10	12,000
7/7	大阪	モカ	コーヒー	1,500	40	60,000
7/8	京都	モカ	コーヒー	1,500	40	60,000
7/11	大阪	ブルーマウンテン	コーヒー	2,000	50	100,000

2/4

2016/7/1

単位：円

売上日	支店名	商品名	分類	単価	数量	売上金額
				1,600	20	32,000
				1,000	10	10,000
				1,800	20	36,000
				1,500	30	45,000
				1,200	10	12,000
				1,600	20	32,000
				1,500	40	60,000
				1,800	10	18,000
				1,500	30	45,000
				1,500	40	60,000
				1,200	10	12,000
				1,500	40	60,000
				1,600	20	32,000
				1,000	10	10,000
				1,000	10	10,000
				1,000	10	10,000
				1,800	10	18,000
				1,500	30	45,000
				1,200	10	12,000
				1,500	40	60,000
				1,200	10	12,000
				1,500	40	60,000
				1,600	20	32,000
8/19	奈良	ブルーマウンテン	コーヒー	2,000	50	100,000
8/19	滋賀	モカ	コーヒー	1,500	40	60,000
8/24	奈良	オリジナルブレンド	コーヒー	1,800	10	18,000
8/24	和歌山	キリマンジャロ	コーヒー	1,000	10	10,000
8/26	神戸	ダージリン	紅茶	1,200	10	12,000
8/30	滋賀	モカ	コーヒー	1,500	40	60,000
8/30	和歌山	アッサム	紅茶	1,500	30	45,000
8/31	大阪	キリマンジャロ	コーヒー	1,000	10	10,000
8/31	和歌山	モカ	コーヒー	1,500	40	60,000

3/4

2016/7/1

単位：円

売上日	支店名	商品名	分類	単価	数量	売上金額
				1,800	10	18,000
				1,500	30	45,000
				1,500	40	60,000
				1,200	10	12,000
				1,500	40	60,000
				1,200	10	12,000
				1,500	40	60,000
				1,600	20	32,000
				2,000	50	100,000
				1,600	40	64,000
				1,000	50	50,000
				1,500	40	60,000
				1,000	10	10,000
				1,800	10	18,000
				1,600	10	16,000
				1,200	50	60,000
				1,800	20	36,000
				1,800	10	18,000
				2,000	20	40,000
				1,500	30	45,000
				1,500	10	15,000
				1,000	30	30,000
				1,200	10	12,000
9/28	京都	キリマンジャロ	コーヒー	1,000	10	10,000
9/28	滋賀	オリジナルブレンド	コーヒー	1,800	10	18,000
9/28	神戸	モカ	コーヒー	1,500	40	60,000
9/30	奈良	アップル	紅茶	1,600	20	32,000
9/30	和歌山	アッサム	紅茶	1,500	30	45,000

4/4

基礎 P.151
① 表示モードをページレイアウトに切り替えて、表示倍率を70%にしましょう。

基礎 P.154
② ヘッダーの右側に現在の日付が表示されるように設定しましょう。

基礎 P.154-156
③ フッターの中央に「**ページ番号/総ページ数**」が表示されるように設定しましょう。

Hint 「/(スラッシュ)」は直接入力します。

基礎 P.157
④ 2行目から3行目までを印刷タイトルとして設定しましょう。

基礎 P.160-161
⑤ 表示モードを改ページプレビューに切り替えて、B列からH列までが印刷されるように設定しましょう。

基礎 P.159
⑥ すべてのページの印刷イメージを確認しましょう。確認後、印刷イメージを閉じましょう。

Hint 印刷を実行せずに、印刷イメージを閉じてもとの画面に戻るには、Esc を押します。

⑦ 表が水平方向のページ中央に印刷されるように設定しましょう。

基礎 P.162
⑧ 115%に拡大して印刷されるように設定しましょう。

Hint 印刷時の拡大/縮小を設定するには、《ページレイアウト》タブ→《拡大縮小印刷》グループの《拡大/縮小》を使います。

基礎 P.159
⑨ すべてのページの印刷イメージを確認しましょう。

基礎 P.159
⑩ 表を1部印刷しましょう。

※ブックに「Lesson12完成」と名前を付けて、フォルダー「学習ファイル」に保存し、閉じておきましょう。

Lesson 13

第7章 グラフの作成

解答 ► P.15

完成図のようなグラフを作成しましょう。

File OPEN フォルダー「学習ファイル」のブック「Lesson13」を開いておきましょう。

●完成図

メンバーズカード申込者数

単位：人

	2013年度	2014年度	2015年度	2016年度	合計
10代	34	21	58	34	147
20代	59	68	90	112	329
30代	55	41	68	72	236
40代	50	88	101	142	381
50代	49	38	98	50	235
60代～	6	10	11	9	36
合計	253	266	426	419	1,364

申込者数構成比（年代別）

3%
11%
24%
17%
28%
17%

■10代 ■20代 ■30代 ■40代 ■50代 ■60代～

申込者数推移（年代別）

（人）
160
140
120
100
80
60
40
20
0
10代 20代 30代 40代 50代 60代～

2013年度 2014年度 2015年度 2016年度

基礎 P.169 ① 表のデータをもとに、「**年代別の申込者数構成比**」を表す2-Dの円グラフを作成しましょう。「**合計**」の数値をもとにグラフを作成します。

基礎 P.172 ② グラフタイトルに「**申込者数構成比(年代別)**」と入力しましょう。

基礎 P.173-174 ③ 作成したグラフをセル範囲【B13:G24】に配置しましょう。

基礎 P.188 ④ グラフのレイアウトを「**レイアウト6**」に変更しましょう。

Hint グラフのレイアウトを変更するには、《デザイン》タブ→《グラフのレイアウト》グループの (クイックレイアウト)を使います。

基礎 P.190 ⑤ グラフタイトルのフォントサイズを12ポイントに変更しましょう。

基礎 P.187 ⑥ 凡例を下に配置しましょう。

Hint 凡例の配置を設定するには、《デザイン》タブ→《グラフのレイアウト》グループの (グラフ要素を追加)を使います。

基礎 P.177 ⑦ データ要素「**28%**」(40代)を切り離して、強調しましょう。

基礎 P.193 ⑧ 表のデータをもとに、おすすめグラフを使って「**年代別の申込者数推移**」を表す折れ線グラフを作成しましょう。

基礎 P.172 ⑨ ⑧で作成したグラフのグラフタイトルに「**申込者数推移(年代別)**」と入力しましょう。

基礎 P.173-174 ⑩ ⑧で作成したグラフをセル範囲【B26:G37】に配置しましょう。

基礎 P.187 ⑪ ⑧で作成したグラフの値軸の軸ラベルを表示し、軸ラベルを「**(人)**」に変更しましょう。

基礎 P.189 ⑫ ⑧で作成したグラフの値軸の軸ラベルが左に90度回転した状態になっているのを解除し、グラフの左上に移動しましょう。

基礎 P.190 ⑬ ⑧で作成したグラフのグラフタイトルのフォントサイズを12ポイントに変更しましょう。

※ブックに「Lesson13完成」と名前を付けて、フォルダー「学習ファイル」に保存し、閉じておきましょう。

Lesson 14 第7章 グラフの作成

解答 ► P.17

完成図のようなグラフを作成しましょう。

フォルダー「学習ファイル」のブック「Lesson14」を開いておきましょう。

●完成図

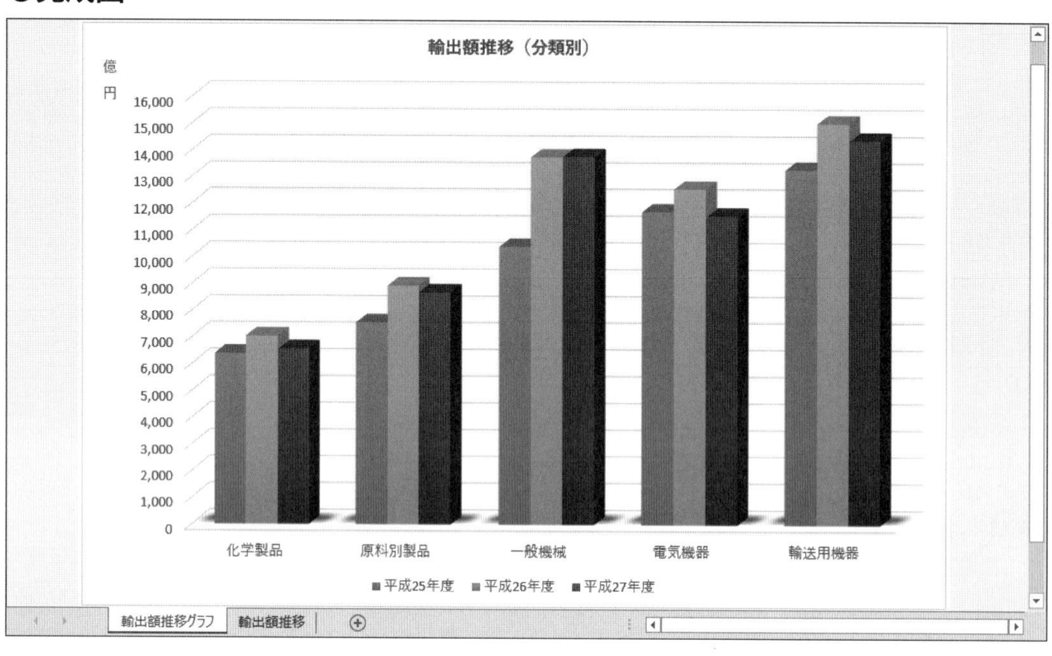

基礎 P.181 ① 表のデータをもとに、「**分類別の輸出額推移**」を表す3-Dの積み上げ縦棒グラフを作成しましょう。

基礎 P.183 ② グラフタイトルに「**輸出額推移(分類別)**」と入力しましょう。

基礎 P.184 ③ 作成したグラフをグラフシートに移動しましょう。シートの名前は「**輸出額推移グラフ**」にします。

基礎 P.186 ④ グラフの種類を3-Dの集合縦棒グラフに変更しましょう。

基礎 P.187 ⑤ 値軸の軸ラベルを表示し、「**億円**」と入力しましょう。

基礎 P.189 ⑥ 値軸の軸ラベルを縦書きに変更し、グラフの左上に移動しましょう。

基礎 P.191 ⑦ 値軸の目盛間隔を1,000単位に変更しましょう。

基礎 P.175 ⑧ グラフのスタイルを「**スタイル11**」に変更しましょう。

基礎 P.176 ⑨ グラフの色を「**色2**」に変更しましょう。

基礎 P.190 ⑩ グラフエリアのフォントサイズを12ポイントに変更しましょう。

基礎 P.192 ⑪ グラフのデータ系列を「**化学製品**」「**原料別製品**」「**一般機械**」「**電気機器**」「**輸送用機器**」に絞り込みましょう。

※ブックに「Lesson14完成」と名前を付けて、フォルダー「学習ファイル」に保存し、閉じておきましょう。

Lesson 15　第8章 データベースの利用

解答 ► P.18

次のように、データベースを操作しましょう。

フォルダー「学習ファイル」のブック「Lesson15」を開いておきましょう。

▶フラッシュフィルを使って「産地」「蔵元名」「管理番号」を作成

日本酒リスト

No.	商品コード	銘柄	種類	蔵元コード	蔵元情報	産地	蔵元名	管理番号	仕入価格	販売価格	利益率
1	740001	梅の光	純米酒	A02	ちとせ銘醸（京都府）	京都府	ちとせ銘醸	A02-740001	1,540	2,100	26.7%
2	721201	満月の唄	本醸造酒	C01	名田酒造（兵庫県）	兵庫県	名田酒造	C01-721201	1,820	2,300	20.9%
3	600001	六甲美酒	普通酒	C02	米光酒造（兵庫県）	兵庫県	米光酒造	C02-600001	2,100	3,000	30.0%
4	601011	菊の吟	吟醸酒	C02	米光酒造（兵庫県）	兵庫県	米光酒造	C02-601011	5,880	7,500	21.6%
5	465201	窪田山	本醸造酒	B01	山河酒造店（新潟県）	新潟県	山河酒造店	B01-465201	1,680	2,400	30.0%
6	601012	月光きらり	大吟醸酒	C02	米光酒造（兵庫県）	兵庫県	米光酒造	C02-601012	1,120	1,650	32.1%
7	601013	月の水	本醸造酒	C02	米光酒造（兵庫県）	兵庫県	米光酒造	C02-601013	3,710	5,300	30.0%
8	721202	五海山	普通酒	C01	名田酒造（兵庫県）	兵庫県	名田酒造	C01-721202	2,100	3,000	30.0%
9	740002	寿久	本醸造酒	A02	ちとせ銘醸（京都府）	京都府	ちとせ銘醸	A02-740002	1,400	1,750	20.0%
10	465202	桜里の夢	大吟醸酒	B01	山河酒造店（新潟県）	新潟県	山河酒造店	B01-465202	5,600	8,000	30.0%
11	465203	里ほまれ	吟醸酒	B01	山河酒造店（新潟県）	新潟県	山河酒造店	B01-465203	2,450	3,100	21.0%
12	740003	白清	本醸造酒	A02	ちとせ銘醸（京都府）	京都府	ちとせ銘醸	A02-740003	2,450	3,500	30.0%
13	740004	城山の月	大吟醸酒	A02	ちとせ銘醸（京都府）	京都府	ちとせ銘醸	A02-740004	1,400	2,100	33.3%
14	601014	清流の美	吟醸酒	C02	米光酒造（兵庫県）	兵庫県	米光酒造	C02-601014	1,400	2,000	30.0%
16	721204	鶴の美	純米酒	C01	名田酒造（兵庫県）	兵庫県	名田酒造	C01-721204	1,750	2,250	22.2%
17	601015	希望の泉	吟醸酒	C02	米光酒造（兵庫県）	兵庫県	米光酒造	C02-601015	700	1,000	30.0%
18	465205	佐渡ほまれ	普通酒	B01	山河酒造店（新潟県）	新潟県	山河酒造店	B01-465205	840	1,200	30.0%
19	465206	北乃梅	普通酒	B01	山河酒造店（新潟県）	新潟県	山河酒造店	B01-465206	1,820	2,700	32.6%
20	721205	久盛	純米酒	C01	名田酒造（兵庫県）	兵庫県	名田酒造	C01-721205	3,640	5,200	30.0%
21	721206	百寿の鶴	大吟醸酒	C01	名田酒造（兵庫県）	兵庫県	名田酒造	C01-721206	3,150	4,500	30.0%
22	465207	松錦	大吟醸酒	B01	山河酒造店（新潟県）	新潟県	山河酒造店	B01-465207	1,050	1,500	30.0%
23	550002	紫桜	普通酒	A01	鶴田銘醸（京都府）	京都府	鶴田銘醸	A01-550002	1,750	2,300	23.9%
24	721207	雪冠	吟醸酒	C01	名田酒造（兵庫県）	兵庫県	名田酒造	C01-721207	1,820	2,600	30.0%
25	601016	雪の盃	大吟醸酒	C02	米光酒造（兵庫県）	兵庫県	米光酒造	C02-601016	4,410	6,300	30.0%
26	465208	雪の富	純米酒	B01	山河酒造店（新潟県）	新潟県	山河酒造店	B01-465208	750	1,100	31.8%
27	740005	凛にごり	吟醸酒	A02	ちとせ銘醸（京都府）	京都府	ちとせ銘醸	A02-740005	2,100	3,000	30.0%

▶「種類」を五十音順に並べ替え、さらに「販売価格」を高い順に並べ替え

日本酒リスト

No.	管理番号	銘柄	種類	産地	蔵元名	仕入価格	販売価格	利益率
4	C02-601011	菊の吟	吟醸酒	兵庫県	米光酒造	5,880	7,500	21.6%
11	B01-465203	里ほまれ	吟醸酒	新潟県	山河酒造店	2,450	3,100	21.0%
27	A02-740005	凛にごり	吟醸酒	京都府	ちとせ銘醸	2,100	3,000	30.0%
24	C01-721207	雪冠	吟醸酒	兵庫県	名田酒造	1,820	2,600	30.0%
14	C02-601014	清流の美	吟醸酒	兵庫県	米光酒造	1,400	2,000	30.0%
17	C02-601015	希望の泉	吟醸酒	兵庫県	米光酒造	700	1,000	30.0%
20	C01-721205	久盛	純米酒	兵庫県	名田酒造	3,640	5,200	30.0%
16	C01-721204	鶴の美	純米酒	兵庫県	名田酒造	1,750	2,250	22.2%
1	A02-740001	梅の光	純米酒	京都府	ちとせ銘醸	1,540	2,100	26.7%
26	B01-465208	雪の富	純米酒	新潟県	山河酒造店	750	1,100	31.8%
10	B01-465202	桜里の夢	大吟醸酒	新潟県	山河酒造店	5,600	8,000	30.0%
25	C02-601016	雪の盃	大吟醸酒	兵庫県	米光酒造	4,410	6,300	30.0%
21	C01-721206	百寿の鶴	大吟醸酒	兵庫県	名田酒造	3,150	4,500	30.0%
13	A02-740004	城山の月	大吟醸酒	京都府	ちとせ銘醸	1,400	2,100	33.3%
6	C02-601012	月光きらり	大吟醸酒	兵庫県	米光酒造	1,120	1,650	32.1%
22	B01-465207	松錦	大吟醸酒	新潟県	山河酒造店	1,050	1,500	30.0%
8	C01-721202	五海山	普通酒	兵庫県	名田酒造	2,100	3,000	30.0%
3	C02-600001	六甲美酒	普通酒	兵庫県	米光酒造	2,100	3,000	30.0%
19	B01-465206	北乃梅	普通酒	新潟県	山河酒造店	1,820	2,700	32.6%
23	A01-550002	紫桜	普通酒	京都府	鶴田銘醸	1,750	2,300	23.9%
18	B01-465205	佐渡ほまれ	普通酒	新潟県	山河酒造店	840	1,200	30.0%
7	C02-601013	月の水	本醸造酒	兵庫県	米光酒造	3,710	5,300	30.0%
12	A02-740003	白清	本醸造酒	京都府	ちとせ銘醸	2,450	3,500	30.0%
5	B01-465201	窪田山	本醸造酒	新潟県	山河酒造店	1,680	2,400	30.0%
2	C01-721201	満月の唄	本醸造酒	兵庫県	名田酒造	1,820	2,300	20.9%
9	A02-740002	寿久	本醸造酒	京都府	ちとせ銘醸	1,400	1,750	20.0%

▶「利益率」のフォントが赤色のレコードが表の上部に来るように並べ替え

日本酒リスト

行	No.	管理番号	銘柄	種類	産地	蔵元名	仕入価格	販売価格	利益率
5	2	C01-721201	満月の唄	本醸造酒	兵庫県	名田酒造	1,820	2,300	20.9%
6	4	C02-601011	菊の吟	吟醸酒	兵庫県	米光酒造	5,880	7,500	21.6%
7	9	A02-740002	寿久	本醸造酒	京都府	ちとせ銘醸	1,400	1,750	20.0%
8	11	B01-465203	里ほまれ	吟醸酒	新潟県	山河酒造店	2,450	3,100	21.0%
9	16	C01-721204	鶴の美	純米酒	兵庫県	名田酒造	1,750	2,250	22.2%
10	1	A02-740001	梅の光	純米酒	京都府	ちとせ銘醸	1,540	2,100	26.7%
11	3	C02-600001	六甲美酒	普通酒	兵庫県	米光酒造	2,100	3,000	30.0%
12	5	B01-465201	窪田山	本醸造酒	新潟県	山河酒造店	1,680	2,400	30.0%
13	6	C02-601012	月光きらり	大吟醸酒	兵庫県	米光酒造	1,120	1,650	32.1%
14	7	C02-601013	月の水	本醸造酒	兵庫県	米光酒造	3,710	5,300	30.0%
15	8	C01-721202	五海山	普通酒	兵庫県	名田酒造	2,100	3,000	30.0%
16	10	B01-465202	桜里の夢	大吟醸酒	新潟県	山河酒造店	5,600	8,000	30.0%
17	12	A02-740003	白清	本醸造酒	京都府	ちとせ銘醸	2,450	3,500	30.0%
18	13	A02-740004	城山の月	大吟醸酒	京都府	ちとせ銘醸	1,400	2,100	33.3%
19	14	C02-601014	清流の美	吟醸酒	兵庫県	米光酒造	1,400	2,000	30.0%
20	17	C02-601015	希望の泉	吟醸酒	兵庫県	米光酒造	700	1,000	30.0%
21	18	B01-465205	佐渡ほまれ	普通酒	新潟県	山河酒造店	840	1,200	30.0%
22	19	B01-465206	北乃梅	普通酒	新潟県	山河酒造店	1,820	2,700	32.6%
23	20	C01-721205	久盛	純米酒	兵庫県	名田酒造	3,640	5,200	30.0%
24	21	C01-721206	百寿の鶴	大吟醸酒	兵庫県	名田酒造	3,150	4,500	30.0%
25	22	B01-465207	松錦	大吟醸酒	新潟県	山河酒造店	1,050	1,500	30.0%
26	23	A01-550002	紫桜	普通酒	京都府	鶴田銘醸	1,750	2,300	23.9%
27	24	C01-721207	雪冠	吟醸酒	兵庫県	名田酒造	1,820	2,600	30.0%
28	25	C02-601016	雪の盃	大吟醸酒	兵庫県	米光酒造	4,410	6,300	30.0%
29	26	B01-465208	雪の富	純米酒	新潟県	山河酒造店	750	1,100	31.8%
30	27	A02-740005	凛にごり	吟醸酒	京都府	ちとせ銘醸	2,100	3,000	30.0%

▶「種類」が「吟醸酒」または「大吟醸酒」のレコードを抽出

日本酒リスト

行	No	管理番号	銘柄	種類	産地	蔵元名	仕入価格	販売価格	利益率
8	4	C02-601011	菊の吟	吟醸酒	兵庫県	米光酒造	5,880	7,500	21.6%
10	6	C02-601012	月光きらり	大吟醸酒	兵庫県	米光酒造	1,120	1,650	32.1%
14	10	B01-465202	桜里の夢	大吟醸酒	新潟県	山河酒造店	5,600	8,000	30.0%
15	11	B01-465203	里ほまれ	吟醸酒	新潟県	山河酒造店	2,450	3,100	21.0%
17	13	A02-740004	城山の月	大吟醸酒	京都府	ちとせ銘醸	1,400	2,100	33.3%
18	14	C02-601014	清流の美	吟醸酒	兵庫県	米光酒造	1,400	2,000	30.0%
20	17	C02-601015	希望の泉	吟醸酒	兵庫県	米光酒造	700	1,000	30.0%
24	21	C01-721206	百寿の鶴	大吟醸酒	兵庫県	名田酒造	3,150	4,500	30.0%
25	22	B01-465207	松錦	大吟醸酒	新潟県	山河酒造店	1,050	1,500	30.0%
27	24	C01-721207	雪冠	吟醸酒	兵庫県	名田酒造	1,820	2,600	30.0%
28	25	C02-601016	雪の盃	大吟醸酒	兵庫県	米光酒造	4,410	6,300	30.0%
30	27	A02-740005	凛にごり	吟醸酒	京都府	ちとせ銘醸	2,100	3,000	30.0%

▶「利益率」のセルが水色のレコードを抽出

日本酒リスト

行	No	管理番号	銘柄	種類	産地	蔵元名	仕入価格	販売価格	利益率
10	6	C02-601012	月光きらり	大吟醸酒	兵庫県	米光酒造	1,120	1,650	32.1%
17	13	A02-740004	城山の月	大吟醸酒	京都府	ちとせ銘醸	1,400	2,100	33.3%
22	19	B01-465206	北乃梅	普通酒	新潟県	山河酒造店	1,820	2,700	32.6%
29	26	B01-465208	雪の富	純米酒	新潟県	山河酒造店	750	1,100	31.8%

▶「銘柄」に「月」を含むレコードを抽出

日本酒リスト

No.	管理番号	銘柄	種類	産地	蔵元名	仕入価格	販売価格	利益率
2	C01-721201	満月の唄	本醸造酒	兵庫県	名田酒造	1,820	2,300	20.9%
6	C02-601012	月光きらり	大吟醸酒	兵庫県	米光酒造	1,120	1,650	32.1%
7	C02-601013	月の水	本醸造酒	兵庫県	米光酒造	3,710	5,300	30.0%
13	A02-740004	城山の月	大吟醸酒	京都府	ちとせ銘醸	1,400	2,100	33.3%

基礎 P.224

① フラッシュフィルを使って、セル範囲【H5:H30】に次のような入力パターンの「産地」を入力しましょう。

●セル【H5】

京都府
「蔵元情報」の()内

基礎 P.224

② フラッシュフィルを使って、セル範囲【I5:I30】に次のような入力パターンの「蔵元名」を入力しましょう。

●セル【I5】

ちとせ銘醸
「蔵元情報」の前半部分

基礎 P.224

③ フラッシュフィルを使って、セル範囲【J5:J30】に次のような入力パターンの「管理番号」を入力しましょう。

●セル【J5】

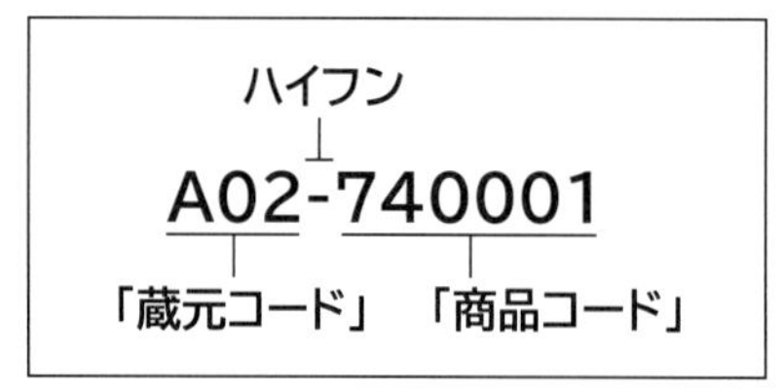

基礎 P.100

④ C列、F列、G列を削除しましょう。

Hint 列を削除するには、削除する列番号を右クリック→《削除》を使います。

基礎 P.48

⑤ G列をC列の前に移動しましょう。

Hint 列を移動するには、移動元の列番号を右クリック→《切り取り》→移動先の列番号を右クリック→《切り取ったセルを挿入》を使います。

基礎 P.202 ⑥ 「**販売価格**」が高い順に並べ替えましょう。

基礎 P.204 ⑦ 「**銘柄**」を五十音順に並べ替えましょう。

基礎 P.205 ⑧ 「**種類**」を五十音順に並べ替え、さらに「**販売価格**」が高い順に並べ替えましょう。

基礎 P.202 ⑨ 「**No.**」が小さい順に並べ替えましょう。

基礎 P.202,207 ⑩ 「**利益率**」のフォントが赤色のレコードが表の上部に来るように並べ替えましょう。
並べ替えできたら、「**No.**」が小さい順に並べ替えましょう。

基礎 P.209 ⑪ 「**種類**」が「**吟醸酒**」または「**大吟醸酒**」のレコードを抽出しましょう。

基礎 P.211 ⑫ フィルターの条件をクリアしましょう。

基礎 P.211-212 ⑬ 「**利益率**」のセルが水色のレコードを抽出しましょう。抽出できたら、フィルターの条件をクリアしておきましょう。

基礎 P.211,213 ⑭ 「**銘柄**」に「**月**」を含むレコードを抽出しましょう。抽出できたら、フィルターの条件をクリアしておきましょう。

基礎 P.217 ⑮ フィルターモードを解除しましょう。

※ブックに「Lesson15完成」と名前を付けて、フォルダー「学習ファイル」に保存し、閉じておきましょう。

Lesson 16 第8章 データベースの利用

解答 ► P.20

次のように、データベースを操作しましょう。

フォルダー「学習ファイル」のブック「Lesson16」を開いておきましょう。

▶「売上店」を五十音順に並べ替え、さらに「セット番号」を小さい順に並べ替え

2016年11月　ギフトセット売上一覧表

	No.	売上日	売上店	セット番号	セット名	単価	数量	売上金額
5	2	11月4日	池袋店	01-001	セレクトギフト	5,000	10	50,000
6	79	11月22日	池袋店	01-001	セレクトギフト	5,000	14	70,000
7	19	11月8日	池袋店	02-005	紅茶・ジャムバラエティーセット	3,500	23	80,500
8	34	11月11日	池袋店	02-005	紅茶・ジャムバラエティーセット	3,500	13	45,500
9	56	11月16日	池袋店	02-005	紅茶・ジャムバラエティーセット	3,500	30	105,000
10	33	11月10日	池袋店	03-001	有明産海苔	3,000	18	54,000
11	45	11月15日	池袋店	03-001	有明産海苔	3,000	30	90,000
12	67	11月18日	池袋店	03-001	有明産海苔	3,000	25	75,000
13	32	11月10日	池袋店	04-008	老舗の味　ハム詰合せ	4,500	15	67,500
14	51	11月15日	池袋店	04-008	老舗の味　ハム詰合せ	4,500	20	90,000
15	57	11月17日	池袋店	04-008	老舗の味　ハム詰合せ	4,500	13	58,500
16	44	11月14日	池袋店	05-001	オリジナルビールセット	4,000	45	180,000
17	63	11月18日	池袋店	05-001	オリジナルビールセット	4,000	50	200,000
18	90	11月24日	池袋店	05-001	オリジナルビールセット	4,000	30	120,000
19	[illegible]	[illegible]	池袋店	[illegible]	[illegible]	[illegible]	[illegible]	[illegible]
[illegible]	12	11月8日	[illegible]	[illegible]	[illegible]	4,000	[illegible]	[illegible]
102	37	11月11日	日本橋店	05-001	オリジナルビールセット	4,000	25	100,000
103	42	11月14日	日本橋店	05-001	オリジナルビールセット	4,000	35	140,000
104	49	11月15日	日本橋店	05-001	オリジナルビールセット	4,000	49	196,000
105	75	11月21日	日本橋店	05-001	オリジナルビールセット	4,000	55	220,000
106	84	11月22日	日本橋店	05-001	オリジナルビールセット	4,000	45	180,000
107	50	11月15日	日本橋店	05-006	赤白ワインセット	3,000	13	39,000
108	104	11月29日	日本橋店	05-007	赤ワインセット	3,000	18	54,000
109								

▶「数量」のセルが緑色のレコードが表の上部に来るように並べ替え

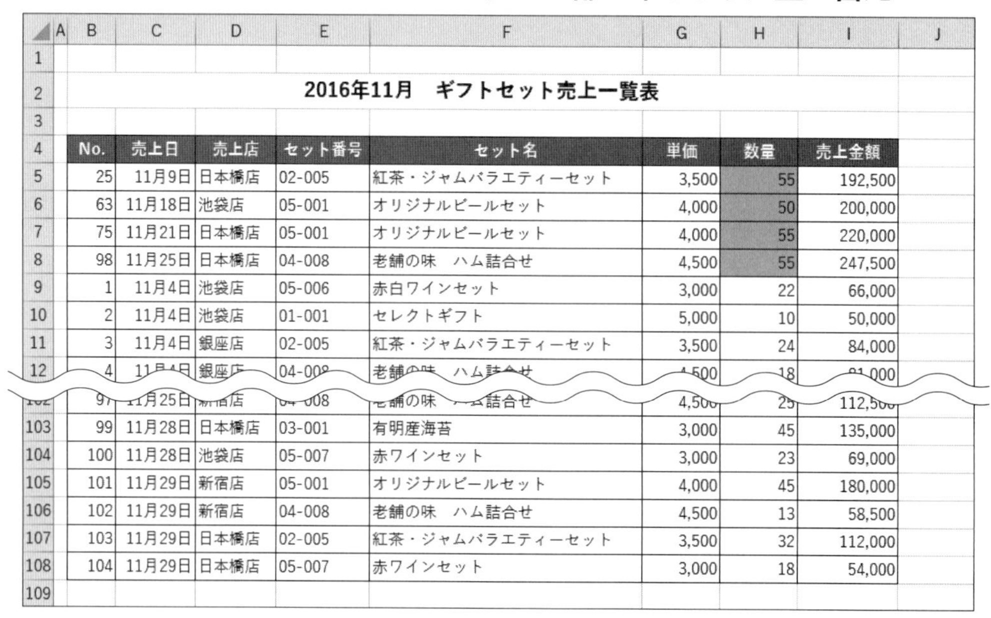

2016年11月　ギフトセット売上一覧表

	No.	売上日	売上店	セット番号	セット名	単価	数量	売上金額
5	25	11月9日	日本橋店	02-005	紅茶・ジャムバラエティーセット	3,500	55	192,500
6	63	11月18日	池袋店	05-001	オリジナルビールセット	4,000	50	200,000
7	75	11月21日	日本橋店	05-001	オリジナルビールセット	4,000	55	220,000
8	98	11月25日	日本橋店	04-008	老舗の味　ハム詰合せ	4,500	55	247,500
9	1	11月4日	池袋店	05-006	赤白ワインセット	3,000	22	66,000
10	2	11月4日	池袋店	01-001	セレクトギフト	5,000	10	50,000
11	3	11月4日	銀座店	02-005	紅茶・ジャムバラエティーセット	3,500	24	84,000
12	4	[illegible]	銀座店	[illegible]	[illegible]	[illegible]	18	[illegible]
[illegible]	97	11月25日	[illegible]	[illegible]	[illegible]	[illegible]	[illegible]	112,500
103	99	11月28日	日本橋店	03-001	有明産海苔	3,000	45	135,000
104	100	11月28日	池袋店	05-007	赤ワインセット	3,000	23	69,000
105	101	11月29日	新宿店	05-001	オリジナルビールセット	4,000	45	180,000
106	102	11月29日	新宿店	04-008	老舗の味　ハム詰合せ	4,500	13	58,500
107	103	11月29日	日本橋店	02-005	紅茶・ジャムバラエティーセット	3,500	32	112,000
108	104	11月29日	日本橋店	05-007	赤ワインセット	3,000	18	54,000
109								

▶「売上日」が「11月21日」から「11月25日」までのレコードを抽出、さらに「売上店」が「新宿店」のレコードに絞り込み

2016年11月　ギフトセット売上一覧表

No	売上日	売上店	セット番号	セット名	単価	数量	売上金額
72	11月21日	新宿店	04-008	老舗の味　ハム詰合せ	4,500	30	135,000
73	11月21日	新宿店	03-001	有明産海苔	3,000	35	105,000
74	11月21日	新宿店	05-001	オリジナルビールセット	4,000	25	100,000
77	11月22日	新宿店	01-001	セレクトギフト	5,000	45	225,000
78	11月22日	新宿店	04-008	老舗の味　ハム詰合せ	4,500	13	58,500
82	11月22日	新宿店	02-005	紅茶・ジャムバラエティーセット	3,500	35	122,500
83	11月22日	新宿店	05-006	赤白ワインセット	3,000	30	90,000
92	11月24日	新宿店	03-001	有明産海苔	3,000	25	75,000
94	11月24日	新宿店	04-008	老舗の味　ハム詰合せ	4,500	45	202,500
95	11月25日	新宿店	05-001	オリジナルビールセット	4,000	35	140,000
96	11月25日	新宿店	02-005	紅茶・ジャムバラエティーセット	3,500	13	45,500
97	11月25日	新宿店	04-008	老舗の味　ハム詰合せ	4,500	25	112,500

▶「セット名」に「ワイン」が含まれるレコードを抽出

2016年11月　ギフトセット売上一覧表

No	売上日	売上店	セット番号	セット名	単価	数量	売上金額
1	11月4日	池袋店	05-006	赤白ワインセット	3,000	22	66,000
28	11月10日	銀座店	05-006	赤白ワインセット	3,000	25	75,000
36	11月11日	新宿店	05-006	赤白ワインセット	3,000	13	39,000
50	11月15日	日本橋店	05-006	赤白ワインセット	3,000	13	39,000
61	11月17日	新宿店	05-006	赤白ワインセット	3,000	25	75,000
64	11月18日	池袋店	05-006	赤白ワインセット	3,000	30	90,000
71	11月21日	銀座店	05-006	赤白ワインセット	3,000	13	39,000
83	11月22日	新宿店	05-006	赤白ワインセット	3,000	30	90,000
100	11月28日	池袋店	05-007	赤ワインセット	3,000	23	69,000
104	11月29日	日本橋店	05-007	赤ワインセット	3,000	18	54,000

▶「売上金額」が高いレコードの上位5件を抽出

2016年11月　ギフトセット売上一覧表

No	売上日	売上店	セット番号	セット名	単価	数量	売上金額
22	11月9日	新宿店	04-008	老舗の味　ハム詰合せ	4,500	45	202,500
75	11月21日	日本橋店	05-001	オリジナルビールセット	4,000	55	220,000
77	11月22日	新宿店	01-001	セレクトギフト	5,000	45	225,000
94	11月24日	新宿店	04-008	老舗の味　ハム詰合せ	4,500	45	202,500
98	11月25日	日本橋店	04-008	老舗の味　ハム詰合せ	4,500	55	247,500

▶書式をコピーし、レコードを追加

2016年11月　ギフトセット売上一覧表

No.	売上日	売上店	セット番号	セット名	単価	数量	売上金額
99	11月28日	日本橋店	03-001	有明産海苔	3,000	45	135,000
100	11月28日	池袋店	05-007	赤ワインセット	3,000	23	69,000
101	11月29日	新宿店	05-001	オリジナルビールセット	4,000	45	180,000
102	11月29日	新宿店	04-008	老舗の味　ハム詰合せ	4,500	13	58,500
103	11月29日	日本橋店	02-005	紅茶・ジャムバラエティーセット	3,500	32	112,000
104	11月29日	日本橋店	05-007	赤ワインセット	3,000	18	54,000
105	11月29日	銀座店	05-001	オリジナルビールセット	4,000	30	120,000

基礎 P.202,205 ① 「売上店」を五十音順に並べ替え、さらに「セット番号」を小さい順に並べ替えましょう。並べ替えたあと、「No.」が小さい順に並べ替えましょう。

基礎 P.202,207 ② 「数量」のセルが緑色のレコードが表の上部に来るように並べ替えましょう。並べ替えたあと、「No.」が小さい順に並べ替えましょう。

基礎 P.209,216 ③ 「売上日」が「11月21日」から「11月25日」までのレコードを抽出しましょう。

基礎 P.210-211 ④ ③の抽出結果を、さらに「売上店」が「新宿店」のレコードに絞り込みましょう。抽出できたら、フィルターの条件をクリアしておきましょう。

基礎 P.211,213 ⑤ 「セット名」に「ワイン」が含まれるレコードを抽出しましょう。抽出できたら、フィルターの条件をクリアしておきましょう。

基礎 P.215,217 ⑥ 「売上金額」が高いレコードの上位5件を抽出しましょう。抽出できたら、フィルターモードを解除しましょう。

基礎 P.218 ⑦ 1行目から4行目までの見出しを固定しましょう。

基礎 P.220 ⑧ 表の最終行の書式を下の行にコピーし、次のデータを入力しましょう。

セル【B109】：105
セル【C109】：2016年11月29日
セル【E109】：05-001

基礎 P.222 ⑨ ドロップダウンリストから選択して、セル【D109】に「銀座店」と入力しましょう。

基礎 P.221 ⑩ オートコンプリートを使って、セル【F109】に「オリジナルビールセット」と入力しましょう。

基礎 P.223 ⑪ 次のデータを入力し、「売上金額」の数式が自動的に入力されることを確認しましょう。

セル【G109】：4000
セル【H109】：30

基礎 P.218 ⑫ 見出しの固定を解除しましょう。

Hint 固定したウィンドウ枠を解除するには、《表示》タブ→《ウィンドウ》グループの ウィンドウ枠の固定 (ウィンドウ枠の固定)→《ウィンドウ枠固定の解除》を使います。

※ブックに「Lesson16完成」と名前を付けて、フォルダー「学習ファイル」に保存し、閉じておきましょう。

Lesson 17 第9章 便利な機能

解答 ▶ P.22

完成図のような表を作成しましょう。

File OPEN フォルダー「学習ファイル」のブック「Lesson17」を開いておきましょう。

●完成図

	A	B	C	D	E	F	G
1		健康保険組合　保養所一覧					
2							
3		当健康保険組合では、被保険者とご家族の皆様に心身のリラックスを提供するため、全国に保養所をご用意しています。					
4		季節の素材を使ったこだわりの料理と真心を込めたサービスで、皆様の楽しい思い出作りのお手伝いをさせていただきます。					
5		※施設の詳細、お申込方法などは当健康保険組合のホームページをご覧ください。					
6							
7						：2016年秋リニューアル	
8					利用料金（1泊2食付）・子供半額		
9		施設名	住所	電話番号	平日（円）	休前日（円）	特定日（円）
10		ヴィラスパ定山渓	〒061-2301　北海道札幌市南区定山渓X-X-X	011-595-XXXX	6,000	7,000	8,000
11		上山ヴィレッジ	〒999-3145　山形県上山市河崎字X-X-X	023-672-XXXX	6,000	7,000	8,000
12		湯河原青荘	〒259-0300　神奈川県足柄下郡湯河原町X-X-X	0465-62-XXXX	6,500	7,500	8,500
13		ヴィラスパ蓼科	〒391-0301　長野県茅野市北山蓼科X-X-X	0266-67-XXXX	5,000	6,000	7,000
14		伊豆パークサイドロッジ	〒413-0234　静岡県伊東市池X-X-X	0557-29-XXXX	6,000	7,000	8,000
15		ヴィラスパ飛騨高山	〒506-0031　岐阜県高山市西之一色町X-X-X	0577-22-XXXX	6,500	7,500	8,500
16		ラフィーネ賢島	〒517-0502　三重県志摩市阿児町神明X-X-X	0599-43-XXXX	6,000	7,000	8,000
17		東山みどり荘	〒606-8403　京都府京都市左京区浄土寺南田町X-X-X	075-771-XXXX	6,500	7,500	8,500
18		ヴィラスパ倉敷	〒710-0801　岡山県倉敷市酒津X-X-X	086-422-XXXX	6,000	7,000	8,000
19		湯布院さくら山水	〒879-5112　大分県由布市湯布院町湯平X-X-X	0977-85-XXXX	7,000	8,000	9,000
20		温泉の宿みやび館	〒811-3513　福岡県宗像市上八X-X-X	0940-62-XXXX	6,500	7,500	8,500
21							
22							

●PDFファイル「保養所一覧」

健康保険組合　保養所一覧

当健康保険組合では、被保険者とご家族の皆様に心身のリラックスを提供するため、全国に保養所をご用意しています。
季節の素材を使ったこだわりの料理と真心を込めたサービスで、皆様の楽しい思い出作りのお手伝いをさせていただきます。
※施設の詳細、お申込方法などは当健康保険組合のホームページをご覧ください。

：2016年秋リニューアル
利用料金（1泊2食付）・子供半額

施設名	住所	電話番号	平日（円）	休前日（円）	特定日（円）
ヴィラスパ定山渓	〒061-2301　北海道札幌市南区定山渓X-X-X	011-595-XXXX	6,000	7,000	8,000
上山ヴィレッジ	〒999-3145　山形県上山市河崎字X-X-X	023-672-XXXX	6,000	7,000	8,000
湯河原青荘	〒259-0300　神奈川県足柄下郡湯河原町X-X-X	0465-62-XXXX	6,500	7,500	8,500
ヴィラスパ蓼科	〒391-0301　長野県茅野市北山蓼科X-X-X	0266-67-XXXX	5,000	6,000	7,000
伊豆パークサイドロッジ	〒413-0234　静岡県伊東市池X-X-X	0557-29-XXXX	6,000	7,000	8,000
ヴィラスパ飛騨高山	〒506-0031　岐阜県高山市西之一色町X-X-X	0577-22-XXXX	6,500	7,500	8,500
ラフィーネ賢島	〒517-0502　三重県志摩市阿児町神明X-X-X	0599-43-XXXX	6,000	7,000	8,000
東山みどり荘	〒606-8403　京都府京都市左京区浄土寺南田町X-X-X	075-771-XXXX	6,500	7,500	8,500
ヴィラスパ倉敷	〒710-0801　岡山県倉敷市酒津X-X-X	086-422-XXXX	6,000	7,000	8,000
湯布院さくら山水	〒879-5112　大分県由布市湯布院町湯平X-X-X	0977-85-XXXX	7,000	8,000	9,000
温泉の宿みやび館	〒811-3513　福岡県宗像市上八X-X-X	0940-62-XXXX	6,500	7,500	8,500

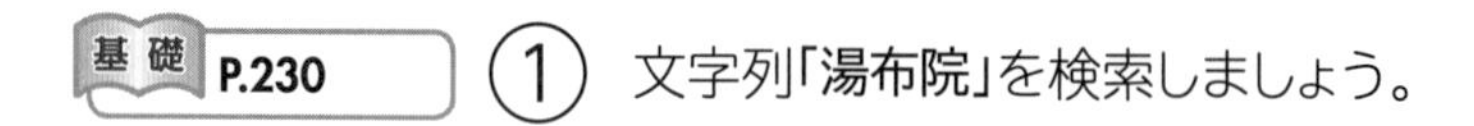

基礎 P.230 ① 文字列「**湯布院**」を検索しましょう。

基礎 P.232 ② 文字列「ヴィラ」をすべて「**ヴィラスパ**」に置換しましょう。

基礎 P.233 ③ 斜体が設定されているセルの文字列を、太字に置換しましょう。

基礎 P.232,236 ④ 置換を使って、セル範囲【E10:G20】の文字列「**円**」をすべて削除しましょう。

Hint
- あらかじめセル範囲を選択しておくと、そのセル範囲内の文字列だけを対象にして置換できます。
- 文字列を削除するには、《置換後の文字列》を空欄にします。
  直前に指定した書式の内容が残っている場合は、《書式》の ▼ →《書式検索のクリア》または《書式置換のクリア》を使って書式を削除します。

基礎 P.233 ⑤ 表に設定されている薄い黄色の塗りつぶしを、任意の薄い緑色の塗りつぶしに置換しましょう。

基礎 P.237 ⑥ シート「**保養所一覧**」をPDFファイルとして、「**保養所一覧**」と名前を付けて、フォルダー「**学習ファイル**」に保存しましょう。
また、PDFファイルを表示しましょう。
※PDFファイルを閉じておきましょう。

※ブックに「Lesson17完成」と名前を付けて、フォルダー「学習ファイル」に保存し、閉じておきましょう。

よくわかる

Advanced

Microsoft® Excel® 2016

応用

Lesson 18 第1章 関数の利用

解答 ► P.24

完成図のような表を作成しましょう。

フォルダー「学習ファイル」のブック「Lesson18」を開いておきましょう。

●完成図

No.007815
2016年7月1日

御請求書

吉田薬局　御中

FOM Supplement
〒105-0022
東京都港区海岸1-X-X
ニューピア海岸14F
TEL 03-5401-XXXX
FAX 03-5401-XXXX

毎度格別のお引き立てを賜り厚くお礼申し上げます。
下記のとおりご請求申し上げます。

御請求金額　¥21,500
※100円未満は切り捨ててご請求いたします。

商品コード	商品名	単価	数量	金額
1001	カルシウム	472	31	14,632
1004	ビタミンC	315	17	5,355
		小計		19,987
お振込口座：	ヤマシタ銀行　海岸支店	消費税　8%		1,598
	当座　050XXX	合計金額		21,585

備考

●商品一覧

商品コード	商品名	単価
1001	カルシウム	472
1002	鉄	943
1003	亜鉛	837
1004	ビタミンC	315
1005	ビタミンE	587
1006	マルチビタミン	620
1007	コエンザイムQ10	1,587

応用 P.27　① セル【F3】に、本日の日付を表示する数式を入力しましょう。
※セル【F3】にはあらかじめ日付の書式が設定されています。

応用 P.31　② セル【C20】に、セル【B20】の「**商品コード**」に対応する「**商品名**」を表示する数式を入力しましょう。H列からJ列にある「**●商品一覧**」の表を参照します。

応用 P.31　③ セル【D20】に、セル【B20】の「**商品コード**」に対応する「**単価**」を表示する数式を入力しましょう。H列からJ列にある「**●商品一覧**」の表を参照します。

応用 P.34　④ セル【C20】とセル【D20】の数式を、「**商品コード**」が入力されていない場合でもエラーが表示されないように編集しましょう。
次に、編集した数式をセル範囲【C21:D25】にコピーしましょう。

基礎 P.39　⑤ 次のデータを入力しましょう。

セル【B20】:1001	**セル【E20】:31**
セル【B21】:1004	**セル【E21】:17**

応用 P.20　⑥ セル【F20】に、「**金額**」を求める数式を入力しましょう。「**商品コード**」が入力されていない場合は、何も表示されないようにします。
次に、入力した数式をセル範囲【F21:F25】にコピーしましょう。
※セル【F20】にはあらかじめ3桁区切りカンマが設定されています。

応用 P.13　⑦ セル【F27】の数式を、小数点以下を切り捨てるように編集しましょう。

応用 P.13　⑧ セル【C16】の数式を、十の位以下を切り捨てて、十の位以下は「00」になるように編集しましょう。

※ブックに「Lesson18完成」と名前を付けて、フォルダー「学習ファイル」に保存し、閉じておきましょう。

Lesson 19 第1章 関数の利用

解答 ► P.25

完成図のような表を作成しましょう。

File OPEN フォルダー「学習ファイル」のブック「Lesson19」を開いておきましょう。

●完成図

	A	B	C	D	E	F	G	H	I	J	K	L
1								2016/7/1				
2	売上実績表											
3								単位：千円		評価		
4	氏名	入社年月日	勤続年数	公共部門	民需部門	売上合計	順位	評価		評価	人数	
5	飯田　高志	1988/4/1	28	1,430	158	1,588	5	A		A	6	
6	安田　隆	1991/4/1	25	1,384	125	1,509	6	A		B	4	
7	鈴木　三郎	1994/10/1	21	802	210	1,012	9	B		C	3	
8	伊藤　光男	1998/10/1	17	855	155	1,010	10	B				
9	林　正志	1999/4/1	17	2,360	1,450	3,810	1	A				
10	斎藤　孝夫	2000/4/1	16	205	820	1,025	8	B				
11	田口　郁三	2003/4/1	13	1,680	245	1,925	3	A				
12	中山　未来	2003/10/1	12	195	1,270	1,465	7	B				
13	古賀　直人	2006/4/1	10	1,540	241	1,781	4	A				
14	堤　まりな	2007/4/1	9	450	165	615	11	C				
15	山田　悠人	2009/10/1	6	1,058	1,600	2,658	2	A				
16	川上　謙信	2012/4/1	4	260	155	415	12	C				
17	青山　香	2014/4/1	2	163	145	308	13	C				
18												
19												

応用 P.27

① セル【H1】に、本日の日付を表示する数式を入力しましょう。

応用 P.28

② セル【C5】に、「入社年月日」から本日の日付までの「勤続年数」を求める数式を入力しましょう。
次に、入力した数式をセル範囲【C6：C17】にコピーしましょう。

応用 P.16

③ セル【G5】に、「売上合計」が高い順に順位を求める数式を入力しましょう。
次に、入力した数式をセル範囲【G6：G17】にコピーしましょう。

応用 P.20

④ セル【H5】に、次の条件で文字列を表示する数式を入力しましょう。
次に、入力した数式をセル範囲【H6：H17】にコピーしましょう。

「売上合計」が150万円以上ならば「A」、そうでなければ「B」

応用 P.23

⑤ セル【H5】を、次の条件で文字列を表示する数式に編集しましょう。
次に、入力した数式をセル範囲【H6：H17】に再度コピーしましょう。

「売上合計」が150万円以上ならば「A」、100万円以上ならば「B」、そうでなければ「C」

応用 P.25

⑥ セル【K5】に、「評価」が「A」の個数を求める数式を入力しましょう。
次に、入力した数式をセル範囲【K6：K7】にコピーしましょう。

※ブックに「Lesson19完成」と名前を付けて、フォルダー「学習ファイル」に保存し、閉じておきましょう。

表作成の活用

解答 ► P.26

完成図のような表を作成しましょう。

File OPEN フォルダー「学習ファイル」のブック「Lesson20」を開いておきましょう。

●完成図

	A	B	C	D	E	F	G	H
1		気象データ						
2							観測地点：軽井沢	
3			気温			湿度	降水量	
4			平均［度］	最高［度］	最低［度］	平均［%］	合計［mm］	
5		1月	-3.5	1.9	-8.2	80	35.5	
6		2月	-2.4	3.1	-6.7	76	12.0	
7		3月	2.1	9.2	-3.6	69	47.0	
8		4月	8.0	15.0	2.0	77	113.0	
9		5月	14.1	22.4	7.1	67	39.5	
10		6月	15.6	21.3	11.2	**85**	212.0	
11		7月	20.6	26.0	16.8	**86**	135.5	
12		8月	20.0	25.2	16.9	**91**	156.0	
13		9月	15.6	20.7	12.5	**93**	259.5	
14		10月	10.2	17.8	4.8	83	20.5	
15		11月	6.5	11.9	2.6	**88**	127.5	
16		12月	1.1	7.5	-3.7	81	20.0	
17								
18								

応用 P.42
① 「気温」の「最高[度]」が17より大きいセルに、「濃い赤の文字、明るい赤の背景」の書式を設定しましょう。

応用 P.43
② 「気温」の「最低[度]」が0より小さいセルに、任意の紺色の文字、任意の水色の背景の書式を設定しましょう。

応用 P.45
③ ①で設定したルールを、「気温」の「最高[度]」が20以上のセルに変更しましょう。

応用 P.47
④ 「湿度」の「平均[%]」の数値が大きいセル上位5位に、太字の書式を設定しましょう。

応用 P.49
⑤ 「降水量」の「合計[mm]」を青のグラデーションのデータバーで表示しましょう。

応用 P.52,55
⑥ セル範囲【B5:B16】の数値の後ろに「月」が表示されるように、表示形式を設定しましょう。

※ブックに「Lesson20完成」と名前を付けて、フォルダー「学習ファイル」に保存し、閉じておきましょう。

Lesson21 第2章 表作成の活用

解答 ► P.27

完成図のような表を作成しましょう。

File OPEN フォルダー「学習ファイル」のブック「Lesson21」を開いておきましょう。

●完成図

交通費精算書

所属	大阪支店 営業部第1課		No.	00010
役職	チーフマネージャー		申請日	平成28年9月20日(火)
氏名	土屋 武			
社員番号	14095			

支店長	所属長	担当

日付	業務内容	交通機関		出発地	～	帰着地	金額	備考
9月16日	全社会議	1	新幹線	新大阪	～	東京	14,650	
					～			
					～			
					～			
					～			
					～			
					～			
					～			
					～			
					～			

精算金額	¥14,650

交通機関リスト

コード	交通機関
1	新幹線
2	JR在来線
3	私鉄
4	地下鉄
5	バス
6	飛行機
7	その他

応用 P.53

① セル【J4】の「10」が「00010」と表示されるように、表示形式を設定しましょう。

応用 P.55

② セル【J5】の「2016/9/20」が「平成28年9月20日(火)」と表示されるように、表示形式を設定しましょう。

Hint 和暦の「平成28」は、「ggge」と設定します。

応用 P.57

③ セルをクリックしたときに、日本語入力システムがオンになるように、セル範囲【C4:C6】【C13:C22】【F13:F22】【H13:H22】【J13:J22】に入力規則を設定しましょう。

応用 P.60

④ セル範囲【D13:D22】の「交通機関」のコードを入力する際、「交通機関リスト」の「コード」をリストから選択できるように入力規則を設定しましょう。

応用 P.56

⑤ セル範囲【D13:D22】の「交通機関」のコードを入力する際、次の入力時メッセージが表示されるように入力規則を設定しましょう。

タイトル　：コードの確認
メッセージ：コード「7」を選択した場合、必ず備考に入力してください。

Hint 入力時メッセージを設定するには、《データ》タブ→《データツール》グループの（データの入力規則）→《入力時メッセージ》タブを使います。

応用 P.61

⑥ セル範囲【B13:B22】の日付を入力する際、「申請日」を含む7日以内の「日付」しか入力できないように入力規則を設定しましょう。それ以外の日付が入力された場合は、次のエラーメッセージを表示しましょう。

スタイル　　　　：注意
タイトル　　　　：日付の確認
エラーメッセージ：申請期間を過ぎています。別途、レポートを提出してください。

応用 P.63

⑦ セル【B22】に、「10件以上申請する場合は、別シートに入力してください。」というコメントを挿入しましょう。

応用 P.64

⑧ セル【B12】のコメントを削除しましょう。

Hint コメントを削除するには、《校閲》タブ→《コメント》グループの（コメントの削除）を使います。

応用 P.60

⑨ 次のデータを入力しましょう。

セル【B13】：2016/9/16
セル【C13】：全社会議
セル【D13】：リストから「1」を選択
セル【F13】：新大阪
セル【H13】：東京
セル【I13】：14650

※セル範囲【B13:B22】にはあらかじめ日付の書式が設定されています。
※セル範囲【E13:E22】には、あらかじめVLOOKUP関数が入力されています。「交通機関」のコードを入力すると、交通機関名が自動的に表示されます。
※セル範囲【I13:I22】にはあらかじめ3桁区切りカンマが設定されています。

応用 P.66-67

⑩ セル範囲【C4:C7】【J4:J5】【B13:D22】【F13:F22】【H13:J22】のロックを解除し、シート「交通費精算書」を保護しましょう。

応用 P.69

⑪ ブック「Lesson21」に読み取りパスワード「osaka」を設定し、「Lesson21完成」と名前を付けて、フォルダー「学習ファイル」に保存しましょう。

※ブックを閉じておきましょう。

Lesson 22 第3章 グラフの活用

解答 ▶ P.29

完成図のような表とグラフを作成しましょう。

フォルダー「学習ファイル」のブック「Lesson22」を開いておきましょう。

●完成図

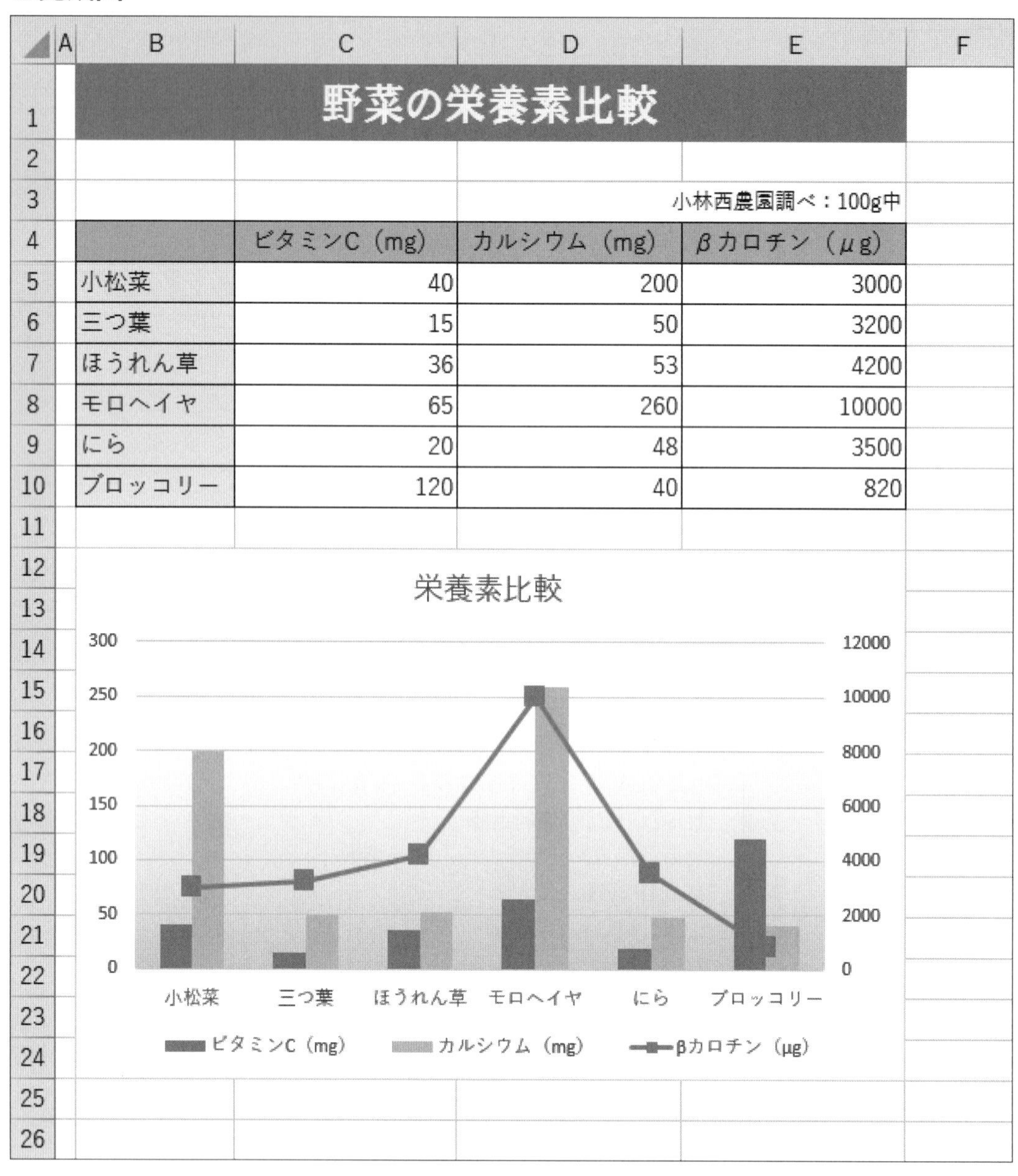

野菜の栄養素比較

小林西農園調べ：100g中

	ビタミンC（mg）	カルシウム（mg）	βカロチン（μg）
小松菜	40	200	3000
三つ葉	15	50	3200
ほうれん草	36	53	4200
モロヘイヤ	65	260	10000
にら	20	48	3500
ブロッコリー	120	40	820

応用 P.76-77 ① 表のデータをもとに、集合縦棒と折れ線の複合グラフを作成しましょう。「ビタミンC(mg)」と「カルシウム(mg)」は集合縦棒グラフで表示し、「βカロチン(μg)」は第2軸を使ってマーカー付き折れ線グラフで表示します。

基礎 P.172-174 ② グラフタイトルに「**栄養素比較**」と入力しましょう。
次に、グラフをセル範囲【B12:E24】に配置しましょう。

基礎 P.220 ③ セル範囲【B9:E9】の書式をセル範囲【B10:E10】にコピーし、次のデータを入力しましょう。

セル【B10】:ブロッコリー
セル【C10】:120
セル【D10】:40
セル【E10】:820

応用 P.79 ④ ③で追加したデータをグラフに反映させましょう。

応用 P.86 ⑤ 「βカロチン(μg)」のデータ系列の線とマーカーを、次のように設定しましょう。

線の幅　:4pt
マーカーの種類　:■
マーカーのサイズ　:10

基礎 P.176 ⑥ グラフの色を「**色3**」に変更しましょう。

応用 P.88 ⑦ プロットエリアに、白色から緑色に徐々に変化するグラデーションの効果を、次のように設定しましょう。

種類　:線形
方向　:下方向
0%地点の分岐点　:白、背景1
100%地点の分岐点　:緑、アクセント6、白+基本色60%

※ブックに「Lesson22完成」と名前を付けて、フォルダー「学習ファイル」に保存し、閉じておきましょう。

Lesson 23 第3章 グラフの活用

解答 ► P.30

完成図のような表とグラフを作成しましょう。

File OPEN フォルダー「学習ファイル」のブック「Lesson23」を開いておきましょう。

●完成図

	A	B	C	D	E	F	G
1							
2		防災グッズ　12月度売上表					
3						単位：円	
4		商品コード	商品名	単価	数量	売上金額	
5		HZ0001	保存食	2,300	400	920,000	
6		KA0006	寝袋	9,000	70	630,000	
7		HN0003	カセットコンロ	3,200	180	576,000	
8		KY0021	発電機	5,600	95	532,000	
9		HN0004	救急セット	1,500	320	480,000	
10		HZ0002	保存水	1,000	450	450,000	
11		KY0003	レスキューセット	8,500	50	425,000	
12		KA0022	懐中電灯	1,200	230	276,000	
13		KY0012	エアーストレッチャー	8,700	30	261,000	
14		HN0014	防災服	9,800	10	98,000	
15		KY0011	ワンタッチ担架	5,000	12	60,000	
16		HN0005	避難用ロープ	850	65	55,250	
17		合計				4,763,250	
18							
19							

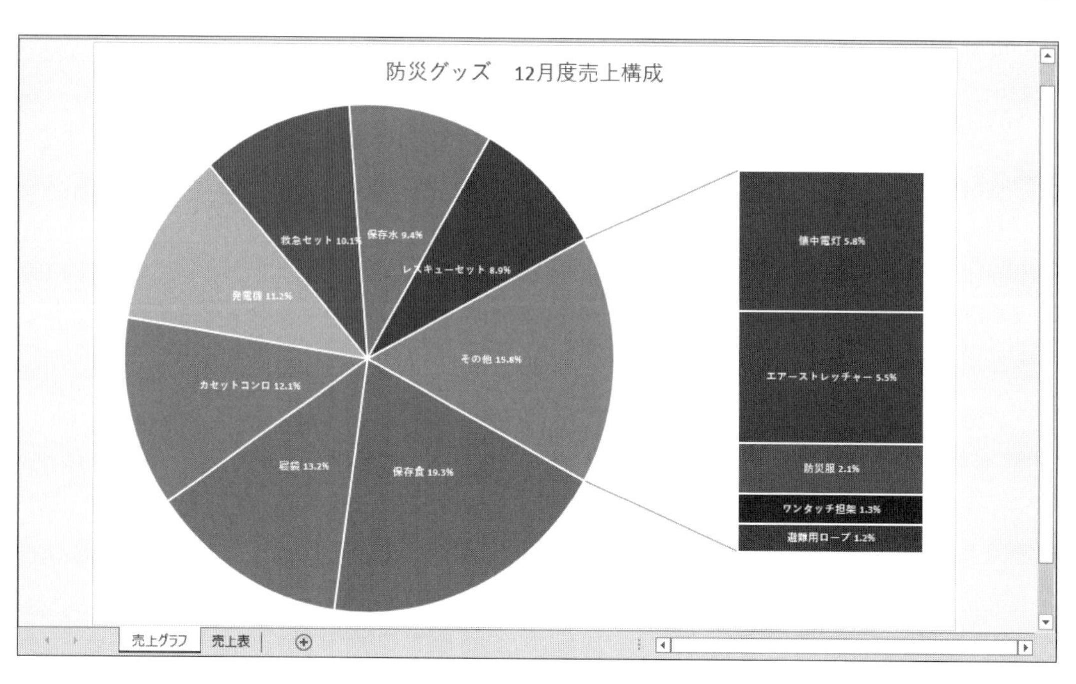

応用 P.94 ① 「**売上金額**」が高い順に並べ替えましょう。

Hint 表の下側に「合計」のデータが含まれているため、並べ替えるセル範囲が自動的に認識されません。対象のセル範囲を選択してから並べ替えを行います。

応用 P.95 ② 表のデータをもとに、「**商品名ごとの売上金額の比率**」を表す補助縦棒付き円グラフを作成しましょう。

基礎 P.172,184 ③ グラフタイトルに「**防災グッズ□12月度売上構成**」と入力しましょう。
次に、作成したグラフをグラフシートに移動しましょう。シートの名前は「**売上グラフ**」にします。
※□は全角空白を表します。

応用 P.96 ④ 補助グラフに表示するデータ要素の個数を4個から5個に変更しましょう。

応用 P.98 ⑤ データラベルを中央に表示し、次の書式を設定しましょう。

フォントの色：白、背景1
太字

応用 P.99 ⑥ データラベルに表示される内容を「**分類名**」と「**パーセンテージ**」に変更しましょう。

応用 P.100 ⑦ データラベルが小数点第1位までのパーセントで表示されるように設定しましょう。

応用 P.99 ⑧ データラベルの分類名とパーセントの区切りを改行からスペースに変更し、1行で表示されるように設定しましょう。

Hint データラベルの区切りを変更するには、データラベルを右クリック→《データラベルの書式設定》→《ラベルオプション》→ （ラベルオプション）→《ラベルオプション》の《区切り文字》で設定します。

応用 P.101 ⑨ 凡例を非表示にしましょう。

基礎 P.190 ⑩ グラフタイトルのフォントサイズを18ポイントに変更しましょう。

※ブックに「Lesson23完成」と名前を付けて、フォルダー「学習ファイル」に保存し、閉じておきましょう。

第3章 グラフの活用

解答 ► P.32

完成図のような表とグラフを作成しましょう。

File OPEN フォルダー「学習ファイル」のブック「Lesson24」を開いておきましょう。

●完成図

開催地別セミナー売上表

単位：千円

開催地	4月	5月	6月	7月	8月	9月	10月	11月	12月	1月	2月	3月	合計	傾向
新宿校	8,500	6,500	7,500	9,800	5,600	6,500	5,400	5,800	7,000	6,000	5,000	7,500	81,100	
横浜校	3,400	4,800	3,300	3,400	5,500	2,000	3,000	4,500	2,200	4,400	6,500	6,000	49,000	
名古屋校	3,500	2,400	5,500	2,900	3,600	2,600	2,500	2,500	4,500	2,500	3,300	3,500	39,300	
なんば校	2,500	2,500	3,800	2,700	3,300	4,400	2,000	3,300	4,500	3,500	4,400	6,600	43,500	
神戸校	2,800	3,300	4,100	2,900	4,100	3,100	3,300	4,400	3,300	3,300	3,600	4,500	42,700	
合計	20,700	19,500	24,200	21,700	22,100	18,600	16,200	20,500	21,500	19,700	22,800	28,100	255,600	

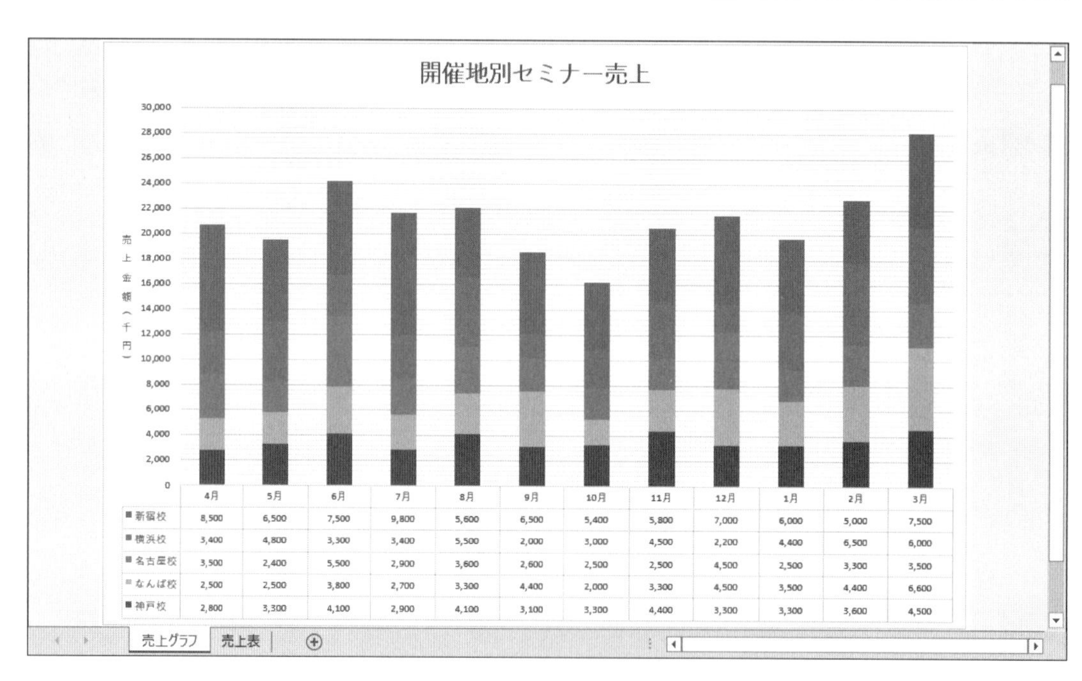

応用 P.103 ① セル範囲【P4:P8】に各開催地の売上推移を表す折れ線スパークラインを作成しましょう。

応用 P.103 ② スパークラインの種類を縦棒スパークラインに変更しましょう。

Hint スパークラインの種類を縦棒に変更するには、《デザイン》タブ→《種類》グループの（縦棒スパークラインに変換）を使います。

応用 P.104 ③ スパークラインの最大値をすべて同じ値に設定しましょう。
次に、スパークラインの最小値を「0」に設定しましょう。

応用 P.105 ④ スパークラインの最大値と最小値を強調しましょう。

応用 P.106 ⑤ スパークラインのスタイルを「**スパークラインスタイルカラフル#5**」に変更しましょう。

基礎 P.181 ⑥ 表のデータをもとに、「**月ごとの開催地別売上金額**」を表す2-Dの積み上げ縦棒グラフを作成しましょう。

基礎 P.172 ⑦ グラフタイトルに「**開催地別セミナー売上**」と入力しましょう。

基礎 P.184 ⑧ 作成したグラフをグラフシートに移動しましょう。シートの名前は「**売上グラフ**」にします。

応用 P.82 ⑨ 凡例マーカー付きでデータテーブルを表示しましょう。

応用 P.101 ⑩ 凡例を非表示にしましょう。

応用 P.83 ⑪ 積み上げ縦棒グラフの上から「**新宿校**」「**横浜校**」「**名古屋校**」「**なんば校**」「**神戸校**」の順番に表示されるようにデータ系列の順番を変更しましょう。

基礎 P.175 ⑫ グラフのスタイルを「**スタイル10**」に変更しましょう。

基礎 P.187,189 ⑬ 値軸の軸ラベルを表示し、「**売上金額（千円）**」と入力しましょう。
次に、文字の方向を縦書きに変更しましょう。

基礎 P.191 ⑭ 値軸の目盛間隔を2,000単位に変更しましょう。

※ブックに「Lesson24完成」と名前を付けて、フォルダー「学習ファイル」に保存し、閉じておきましょう。

Lesson 25 第4章 グラフィックの利用

解答 ► P.33

完成図のようなSmartArtグラフィックとグラフを作成しましょう。

File OPEN フォルダー「学習ファイル」のブック「Lesson25」を開いておきましょう。

●完成図

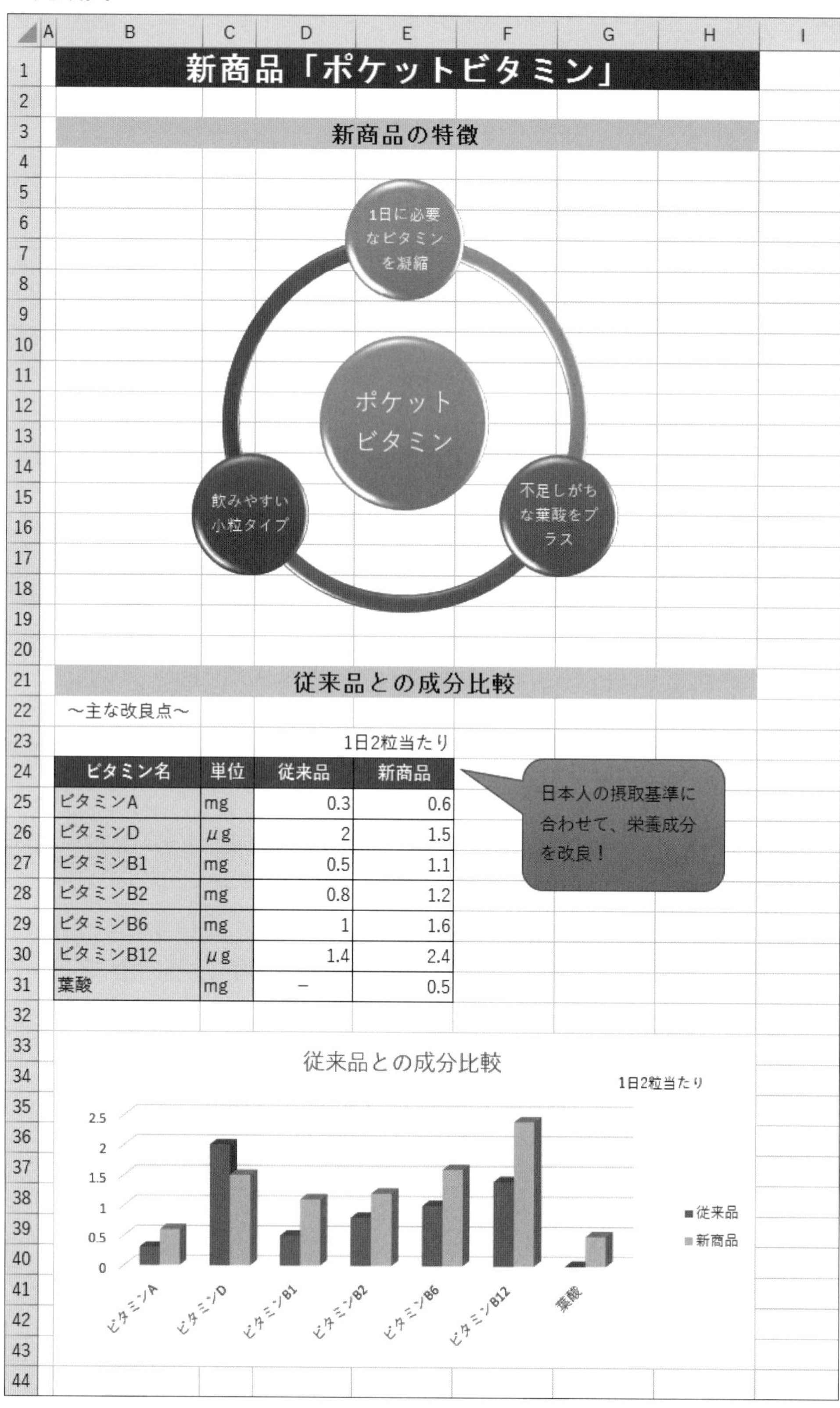

ビタミン名	単位	従来品	新商品
ビタミンA	mg	0.3	0.6
ビタミンD	μg	2	1.5
ビタミンB1	mg	0.5	1.1
ビタミンB2	mg	0.8	1.2
ビタミンB6	mg	1	1.6
ビタミンB12	μg	1.4	2.4
葉酸	mg	–	0.5

応用 P.111,113 ① SmartArtグラフィックの「**中心付き循環**」を挿入し、セル範囲【B5:H19】に配置しましょう。

応用 P.114 ② テキストウィンドウを使って、SmartArtグラフィックに次の文字列を追加しましょう。それ以外の箇条書きの項目は削除します。

- **ポケットビタミン**
  - **1日に必要なビタミンを凝縮**
  - **不足しがちな葉酸をプラス**
  - **飲みやすい小粒タイプ**

応用 P.118 ③ SmartArtグラフィックのスタイルを次のように設定しましょう。

色　　：カラフル-アクセント5から6
スタイル：立体グラデーション

応用 P.119 ④ SmartArtグラフィック内の文字列のフォントサイズを10ポイントに変更しましょう。次に、「**ポケットビタミン**」のフォントサイズを16ポイントに変更しましょう。

応用 P.121 ⑤ 表の横に図形の「**角丸四角形吹き出し**」を作成しましょう。

応用 P.123 ⑥ 図形のスタイルを「**パステル-緑、アクセント6**」に変更しましょう。

応用 P.124-125 ⑦ 図形に「**日本人の摂取基準に合わせて、栄養成分を改良！**」と入力し、完成図を参考にサイズと位置を調整しましょう。

Hint 吹き出しの線の位置を調整するには、図形の黄色の○（ハンドル）をドラッグします。

応用 P.126 ⑧ 図形の文字列の配置を上下中央揃えに設定しましょう。

応用 P.130-132 ⑨ グラフ上に横書きのテキストボックスを作成し、セル【E23】の「1日2粒当たり」を参照しましょう。
次に、テキストボックス内の文字列のフォントサイズを9ポイントに変更し、完成図を参考にサイズと位置を調整しましょう。

応用 P.135 ⑩ ブックのテーマの色を「**赤味がかったオレンジ**」に変更しましょう。

Hint テーマの色だけを変更するには、《ページレイアウト》タブ→《テーマ》グループの 配色▾（テーマの色）を使います。

※ブックに「Lesson25完成」と名前を付けて、フォルダー「学習ファイル」に保存し、閉じておきましょう。

Lesson 26 第4章 グラフィックの利用

解答 ► P.35

完成図のようなSmartArtグラフィックとグラフを作成しましょう。

フォルダー「学習ファイル」のブック「Lesson26」を開いておきましょう。

●完成図

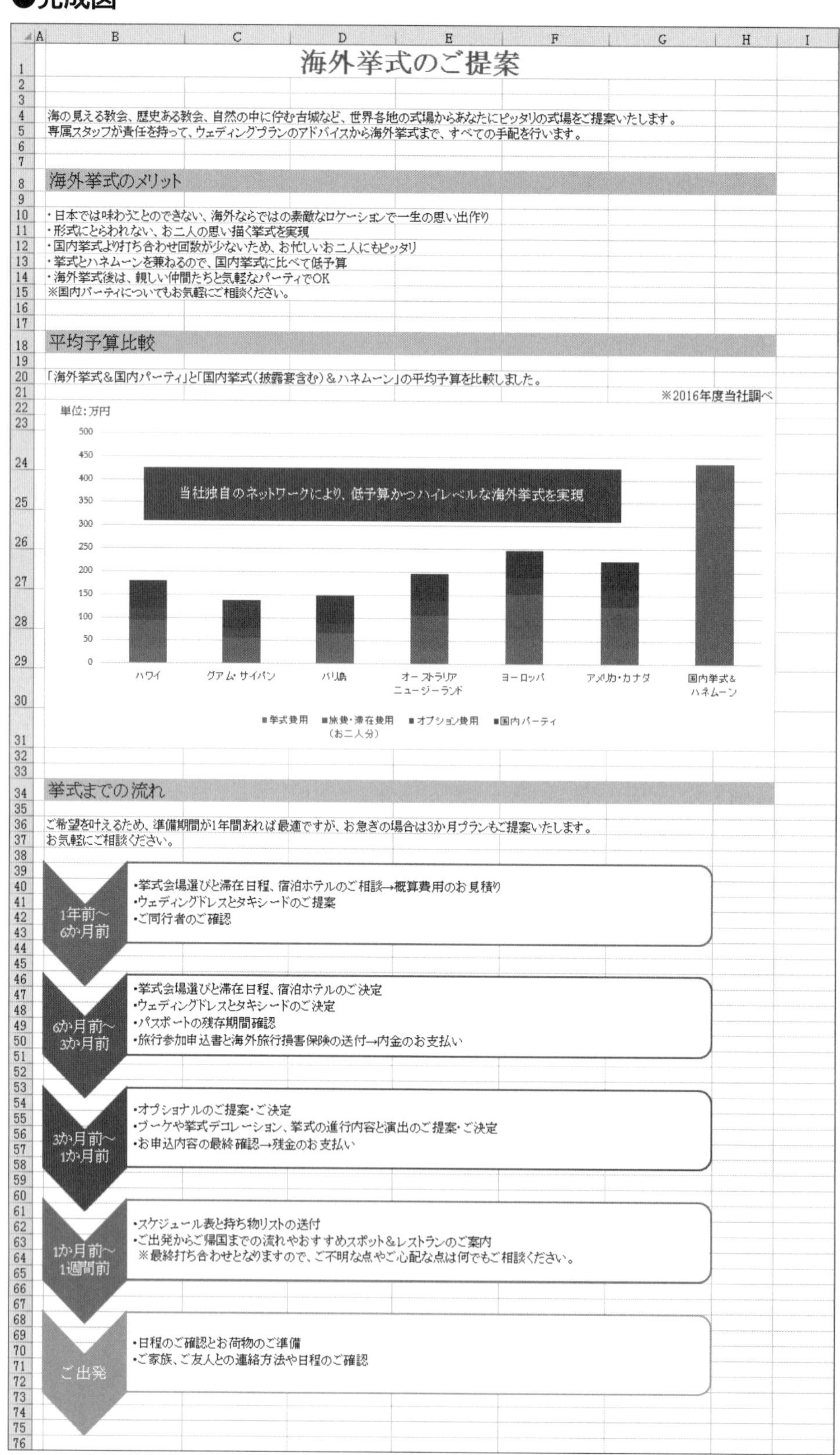

応用 P.128 ① グラフの上にテキストボックスを作成し、「**当社独自のネットワークにより、低予算かつハイレベルな海外挙式を実現**」と入力しましょう。
次に、完成図を参考にサイズと位置を調整しましょう。

応用 P.132 ② テキストボックスに、次の書式を設定しましょう。

フォントサイズ	**：12ポイント**
塗りつぶしの色	**：オレンジ、アクセント2、黒+基本色25%**
フォントの色	**：白、背景1**
文字列の配置	**：上下左右ともに中央揃え**

応用 P.117 ③ テキストウィンドウを使って、SmartArtグラフィックの図形の「**1年以上前**」とその下のレベルの図形の「**資料請求**」を削除しましょう。

応用 P.115 ④ テキストウィンドウを使って、SmartArtグラフィックに次の文字列を追加しましょう。

- **ご出発**
  - **日程のご確認とお荷物のご準備**
  - **ご家族、ご友人との連絡方法や日程のご確認**

応用 P.119 ⑤ SmartArtグラフィックの「**ご出発**」のフォントサイズを13ポイントに変更しましょう。

Hint 一覧に表示されないフォントサイズを設定するには、《フォントサイズ》に直接入力します。

応用 P.118 ⑥ SmartArtグラフィック全体の配色を「**カラフル-全アクセント**」に変更しましょう。

応用 P.134 ⑦ ブックのテーマを「**オーガニック**」に変更しましょう。

※ブックに「Lesson26完成」と名前を付けて、フォルダー「学習ファイル」に保存し、閉じておきましょう。

Lesson 27

第5章

データベースの活用

解答 ► P.36

次のように、データベースを操作しましょう。

File OPEN フォルダー「学習ファイル」のブック「Lesson27」を開いておきましょう。

●完成図

	A	B	C	D	E	F	G	H	I	J	K	L
1												
2		ベストギフトコレクション売上										
3												
4		No.	日付	担当	商品種別	品名	単価	数量	合計金額	割引率	売上金額	
5		1	10月3日(月)	岡田	タオル	ウォッシュタオル	1,500	45	67,500	10%	60,750	
6		2	10月3日(月)	上島	食品	カツオパックセット	2,000	6	12,000	0%	12,000	
7		3	10月4日(火)	岡田	タオル	バスタオル	4,000	9	36,000	0%	36,000	
8		4	10月4日(火)	上島	タオル	フェイスタオル	1,500	12	18,000	0%	18,000	
9		5	10月5日(水)	片山	食品	海苔セット	2,000	10	20,000	0%	20,000	
10		6	10月5日(水)	宮本	寝具	綿毛布	5,000	5	25,000	0%	25,000	
11		7	10月5日(水)	岡田	タオル	フェイスタオル	1,500	3	4,500	0%	4,500	
12		8	10月6日(木)	上島	食品	カツオパックセット	2,000	12	24,000	0%	24,000	
13		9	10月6日(木)	片山	タオル	フェイスタオル	1,500	5	7,500	0%	7,500	
14		10	10月7日(金)	宮本	タオル	ウォッシュタオル	1,500	4	6,000	0%	6,000	
15		11	10月7日(金)	岡田	洗剤	ボディソープセット	1,500	6	9,000	0%	9,000	
16		12	10月7日(金)	岡田	食器	グラス5客セット	2,500	15	37,500	0%	37,500	
17		13	10月11日(火)	上島	タオル	バスタオル	4,000	4	16,000	0%	16,000	
18		14	10月11日(火)	宮本	洗剤	洗濯セット	1,500	7	10,500	0%	10,500	
19		15	10月12日(水)	片山	寝具	シーツ	5,000	32	160,000	10%	144,000	
20		16	10月13日(木)	上島	洗剤	石鹸セット	2,000	5	10,000	0%	10,000	
21		17	10月14日(金)	宮本	食品	日本茶セット	2,000	9	18,000	0%	18,000	
22		18	10月14日(金)	片山	食品	コーヒーセット	2,000	10	20,000	0%	20,000	
23		19	10月14日(金)	片山	食器	ティーセット	2,500	15	37,500	0%	37,500	
24		20	10月18日(火)	上島	洗剤	洗濯セット	1,500	20	30,000	10%	27,000	
25		21	10月18日(火)	岡田	食品	紅茶セット	1,500	45	67,500	10%	60,750	
26		22	10月18日(火)	上島	食器	ペアマグセット	5,000	10	50,000	0%	50,000	
27		23	10月18日(火)	宮本	食品	クッキーセット	1,000	5	5,000	0%	5,000	
28		24	10月19日(水)	岡田	食品	日本茶セット	2,000	30	60,000	10%	54,000	
29		25	10月19日(水)	上島	食器	ワイングラス	5,000	50	250,000	20%	200,000	
30		26	10月21日(金)	片山	食品	シュガーセット	1,000	5	5,000	0%	5,000	
31		27	10月24日(月)	上島	タオル	バスタオル	4,000	4	16,000	0%	16,000	
32		28	10月24日(月)	片山	タオル	ウォッシュタオル	1,500	6	9,000	0%	9,000	
33		29	10月25日(火)	岡田	洗剤	ボディソープセット	1,500	8	12,000	0%	12,000	
34		30	10月27日(木)	宮本	タオル	バスタオル	4,000	15	60,000	0%	60,000	
35		31	10月27日(木)	宮本	食器	取り分け皿セット	3,000	7	21,000	0%	21,000	
36		32	10月27日(木)	岡田	洗剤	洗濯セット	1,500	32	48,000	10%	43,200	
37		33	10月28日(金)	岡田	寝具	綿毛布	5,000	5	25,000	0%	25,000	
38		34	10月28日(金)	上島	洗剤	洗濯セット	1,500	9	13,500	0%	13,500	
39		35	10月31日(月)	上島	寝具	シーツ	5,000	10	50,000	0%	50,000	
40		36	10月31日(月)	片山	食品	海苔セット	2,000	15	30,000	0%	30,000	
41		37	11月1日(火)	片山	食器	グラス5客セット	2,500	20	50,000	10%	45,000	
42		38	11月1日(火)	片山	洗剤	石鹸セット	2,000	45	90,000	10%	81,000	
43		39	11月1日(火)	岡田	食品	紅茶セット	1,500	5	7,500	0%	7,500	
44		40	11月4日(金)	岡田	食器	ティーセット	2,500	4	10,000	0%	10,000	
45		41	11月8日(火)	上島	タオル	フェイスタオル	1,500	6	9,000	0%	9,000	
46		42	11月8日(火)	上島	食品	カツオパックセット	2,000	8	16,000	0%	16,000	
47		43	11月9日(水)	宮本	タオル	バスタオル	4,000	15	60,000	0%	60,000	
48		44	11月9日(水)	片山	タオル	フェイスタオル	1,500	7	10,500	0%	10,500	
49		45	11月11日(金)	岡田	洗剤	ボディソープセット	1,500	32	48,000	10%	43,200	
50		46	11月11日(金)	上島	タオル	ウォッシュタオル	1,500	5	7,500	0%	7,500	
51		47	11月14日(月)	岡田	食器	ワイングラス	5,000	70	350,000	20%	280,000	
52		48	11月15日(火)	片山	洗剤	洗濯セット	1,500	10	15,000	0%	15,000	
53		49	11月15日(火)	宮本	寝具	シーツ	5,000	15	75,000	0%	75,000	
54		50	11月15日(火)	上島	洗剤	洗濯セット	1,500	20	30,000	10%	27,000	
55		51	11月17日(木)	宮本	食品	日本茶セット	2,000	45	90,000	10%	81,000	
56		52	11月18日(金)	岡田	食品	コーヒーセット	2,000	10	20,000	0%	20,000	
57		53	11月18日(金)	宮本	食器	ペアマグセット	5,000	5	25,000	0%	25,000	
58		54	11月18日(金)	岡田	洗剤	ボディソープセット	1,500	3	4,500	0%	4,500	
59		55	11月21日(月)	片山	食品	クッキーセット	1,000	12	12,000	0%	12,000	
60		56	11月22日(火)	上島	食器	ワイングラス	5,000	30	150,000	10%	135,000	
61		57	11月22日(火)	岡田	食品	シュガーセット	1,000	8	8,000	0%	8,000	
62		58	11月25日(金)	宮本	食品	日本茶セット	2,000	50	100,000	20%	80,000	
63		59	11月25日(金)	片山	タオル	バスタオル	4,000	2	8,000	0%	8,000	
64		60	11月28日(月)	宮本	食品	海苔セット	2,000	80	160,000	20%	128,000	
65		61	11月28日(月)	岡田	タオル	フェイスタオル	1,500	8	12,000	0%	12,000	
66		62	11月28日(月)	上島	タオル	バスタオル	4,000	12	48,000	0%	48,000	
67		63	11月29日(火)	宮本	洗剤	ボディソープセット	1,500	12	18,000	0%	18,000	
68		64	11月29日(火)	岡田	タオル	フェイスタオル	1,500	7	10,500	0%	10,500	
69		65	11月30日(水)	片山	食器	ティーセット	2,500	20	50,000	10%	45,000	
70		66	11月30日(水)	宮本	洗剤	洗濯セット	1,500	30	45,000	10%	40,500	
71		集計						1,086	2,830,500		2,559,900	
72												

▶「商品種別」が「食品」のレコードを抽出し、「売上金額」が高い順に並べ替え

ベストギフトコレクション売上

行	No	日付	担当	商品種別	品名	単価	数量	合計金額	割引率	売上金額
6	60	11月28日(月)	宮本	食品	海苔セット	2,000	80	160,000	20%	128,000
9	51	11月17日(木)	宮本	食品	日本茶セット	2,000	45	90,000	10%	81,000
12	58	11月25日(金)	宮本	食品	日本茶セット	2,000	50	100,000	20%	80,000
21	21	10月18日(火)	岡田	食品	紅茶セット	1,500	45	67,500	10%	60,750
22	24	10月19日(水)	岡田	食品	日本茶セット	2,000	30	60,000	10%	54,000
25	36	10月31日(月)	片山	食品	海苔セット	2,000	15	30,000	0%	30,000
27	8	10月6日(木)	上島	食品	カツオパックセット	2,000	12	24,000	0%	24,000
28	5	10月5日(水)	片山	食品	海苔セット	2,000	10	20,000	0%	20,000
30	18	10月14日(金)	片山	食品	コーヒーセット	2,000	10	20,000	0%	20,000
40	52	11月18日(金)	岡田	食品	コーヒーセット	2,000	10	20,000	0%	20,000
43	17	10月14日(金)	宮本	食品	日本茶セット	2,000	9	18,000	0%	18,000
46	42	11月8日(火)	上島	食品	カツオパックセット	2,000	8	16,000	0%	16,000
55	2	10月3日(月)	上島	食品	カツオパックセット	2,000	6	12,000	0%	12,000
56	55	11月21日(月)	片山	食品	クッキーセット	1,000	12	12,000	0%	12,000
59	57	11月22日(火)	岡田	食品	シュガーセット	1,000	8	8,000	0%	8,000
61	39	11月1日(火)	岡田	食品	紅茶セット	1,500	5	7,500	0%	7,500
62	23	10月18日(火)	宮本	食品	クッキーセット	1,000	5	5,000	0%	5,000
64	26	10月21日(金)	片山	食品	シュガーセット	1,000	5	5,000	0%	5,000

▶「担当」が「宮本」のレコードを抽出し、さらに「割引率」が0%より大きいレコードを抽出

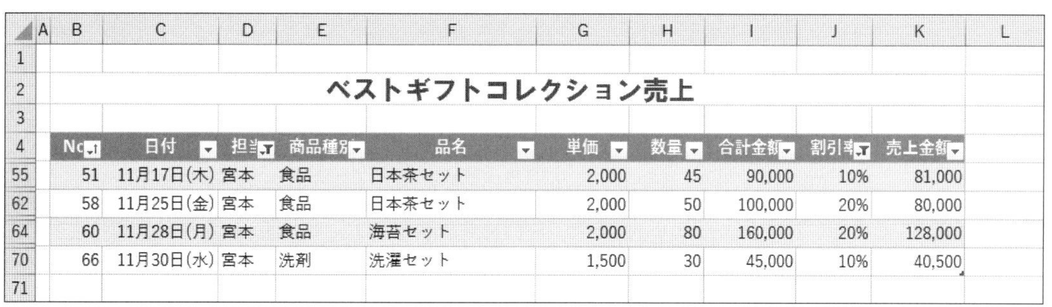

ベストギフトコレクション売上

行	No	日付	担当	商品種別	品名	単価	数量	合計金額	割引率	売上金額
55	51	11月17日(木)	宮本	食品	日本茶セット	2,000	45	90,000	10%	81,000
62	58	11月25日(金)	宮本	食品	日本茶セット	2,000	50	100,000	20%	80,000
64	60	11月28日(月)	宮本	食品	海苔セット	2,000	80	160,000	20%	128,000
70	66	11月30日(水)	宮本	洗剤	洗濯セット	1,500	30	45,000	10%	40,500

▶「売上金額」が高いレコードの上位10%を抽出し、「売上金額」が高い順に並べ替え

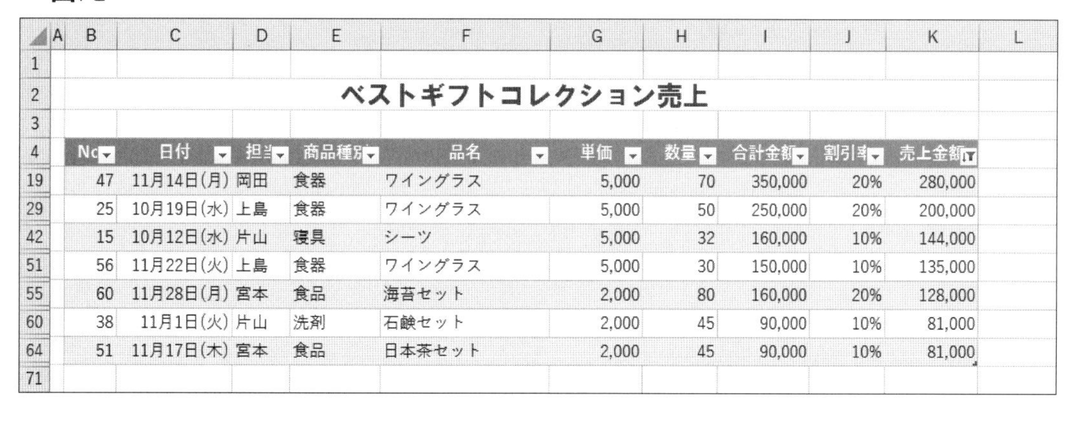

ベストギフトコレクション売上

行	No	日付	担当	商品種別	品名	単価	数量	合計金額	割引率	売上金額
19	47	11月14日(月)	岡田	食器	ワイングラス	5,000	70	350,000	20%	280,000
29	25	10月19日(水)	上島	食器	ワイングラス	5,000	50	250,000	20%	200,000
42	15	10月12日(水)	片山	寝具	シーツ	5,000	32	160,000	10%	144,000
51	56	11月22日(火)	上島	食器	ワイングラス	5,000	30	150,000	10%	135,000
55	60	11月28日(月)	宮本	食品	海苔セット	2,000	80	160,000	20%	128,000
60	38	11月1日(火)	片山	洗剤	石鹸セット	2,000	45	90,000	10%	81,000
64	51	11月17日(木)	宮本	食品	日本茶セット	2,000	45	90,000	10%	81,000

応用 P.152 ① 表をテーブルに変換しましょう。

応用 P.154 ② テーブルスタイルを「**テーブルスタイル（中間）4**」に変更しましょう。

応用 P.155 ③ 「**商品種別**」が「**食品**」のレコードを抽出しましょう。

応用 P.155 ④ ③の抽出結果を、さらに「**売上金額**」が高い順に並べ替えましょう。

応用 P.156 ⑤ フィルターの条件をクリアし、「**No.**」が小さい順に並べ替えましょう。

応用 P.155 ⑥ 「**担当**」が「**宮本**」のレコードを抽出し、さらに「**割引率**」が0%より大きいレコードを抽出しましょう。

基礎 P.211 ⑦ フィルターの条件をすべてクリアしましょう。

基礎 P.215 ⑧ 「**売上金額**」が高いレコードの上位10%を抽出し、「**売上金額**」が高い順に並べ替えましょう。

基礎 P.211 ⑨ フィルターの条件をクリアし、「**No.**」が小さい順に並べ替えましょう。

応用 P.157 ⑩ テーブルの最終行に集計行を表示し、「**数量**」と「**合計金額**」と「**売上金額**」の合計を表示しましょう。

応用 P.153 ⑪ テーブルスタイルの設定は残したまま、テーブルをもとの表に変換しましょう。

Hint テーブルをもとの表に変換するには、《デザイン》タブ→《ツール》グループの 範囲に変換 （範囲に変換）を使います。

※ブックに「Lesson27完成」と名前を付けて、フォルダー「学習ファイル」に保存し、閉じておきましょう。

Lesson 28

第6章

ピボットテーブルとピボットグラフの作成

解答 ▶ P.37

次のようなピボットテーブルを作成しましょう。

File OPEN フォルダー「学習ファイル」のブック「Lesson28」を開いておきましょう。

▶「担当者」「売上月」別のピボットテーブルを作成

	A	B	C	D	E	F
1						
2						
3	合計 / 売上額	列ラベル ▾				
4		⊞4月	⊞5月	⊞6月	総計	
5	行ラベル ▾					
6	佐藤 隆志	772,700	1,173,200		1,945,900	
7	山田 修	947,900	170,100	166,100	1,284,100	
8	山本 正道	343,000	936,100	1,997,300	3,276,400	
9	松岡 圭三	1,234,300	686,800	1,347,100	3,268,200	
10	松本 慶	1,347,200	276,500	1,193,300	2,817,000	
11	新見 智子	393,500	270,600	745,500	1,409,600	
12	斉藤 剛	226,800	123,000	686,000	1,035,800	
13	村上 孝雄	322,000	727,700	1,151,500	2,201,200	
14	中野 由香里		959,000	278,000	1,237,000	
15	総計	5,587,400	5,323,000	7,564,800	18,475,200	
16						

▶「渋谷」の集計結果を表示

	A	B	C	D	E	F
1	販売店	渋谷 ▾				
2						
3	合計 / 売上額	列ラベル ▾				
4		⊞4月	⊞5月	⊞6月	総計	
5	行ラベル ▾					
6	佐藤 隆志	772,700	1,173,200		1,945,900	
7	山田 修	947,900	170,100	166,100	1,284,100	
8	山本 正道	343,000	936,100	1,997,300	3,276,400	
9	総計	2,063,600	2,279,400	2,163,400	6,506,400	
10						

▶「販売店」「売上月」別のピボットテーブルを作成

	A	B	C	D	E	F
1	機種コード	(すべて) ▾				
2						
3	合計 / 売上額	売上月 ▾				
4		⊞4月	⊞5月	⊞6月	総計	
5	販売店 ▾					
6	秋葉原	2,975,000	1,233,900	3,285,900	7,494,800	
7	渋谷	2,063,600	2,279,400	2,163,400	6,506,400	
8	新宿	548,800	1,809,700	2,115,500	4,474,000	
9	総計	5,587,400	5,323,000	7,564,800	18,475,200	
10						

▶売上構成比を表示

	A	B	C	D	E	F
1	機種コード	(すべて) ▾				
2						
3	合計 / 売上額	売上月 ▾				
4		⊞4月	⊞5月	⊞6月	総計	
5	販売店 ▾					
6	秋葉原	16.10%	6.68%	17.79%	40.57%	
7	渋谷	11.17%	12.34%	11.71%	35.22%	
8	新宿	2.97%	9.80%	11.45%	24.22%	
9	総計	30.24%	28.81%	40.95%	100.00%	
10						

▶「秋葉原」の「4月」の詳細データを表示

売上日	販売店	担当者	機種コード	販売単価	数量	売上額
2016/4/4	秋葉原	松本 慶	F505Z	18900	25	472500
2016/4/6	秋葉原	松本 慶	F203H	12300	15	184500
2016/4/8	秋葉原	松岡 圭三	F505H	24500	15	367500
2016/4/11	秋葉原	松岡 圭三	F505Z	18900	12	226800
2016/4/13	秋葉原	松本 慶	F505Z	18900	13	245700
2016/4/14	秋葉原	松本 慶	F505H	24500	16	392000
2016/4/15	秋葉原	松岡 圭三	F205P	7500	10	75000
2016/4/21	秋葉原	松岡 圭三	F505H	24500	20	490000
2016/4/22	秋葉原	新見 智子	F205P	7500	10	75000
2016/4/27	秋葉原	松岡 圭三	F205P	7500	10	75000
2016/4/28	秋葉原	新見 智子	F505H	24500	13	318500
2016/4/28	秋葉原	松本 慶	F205P	7500	7	52500

▶「機種コード」別のピボットテーブルを作成

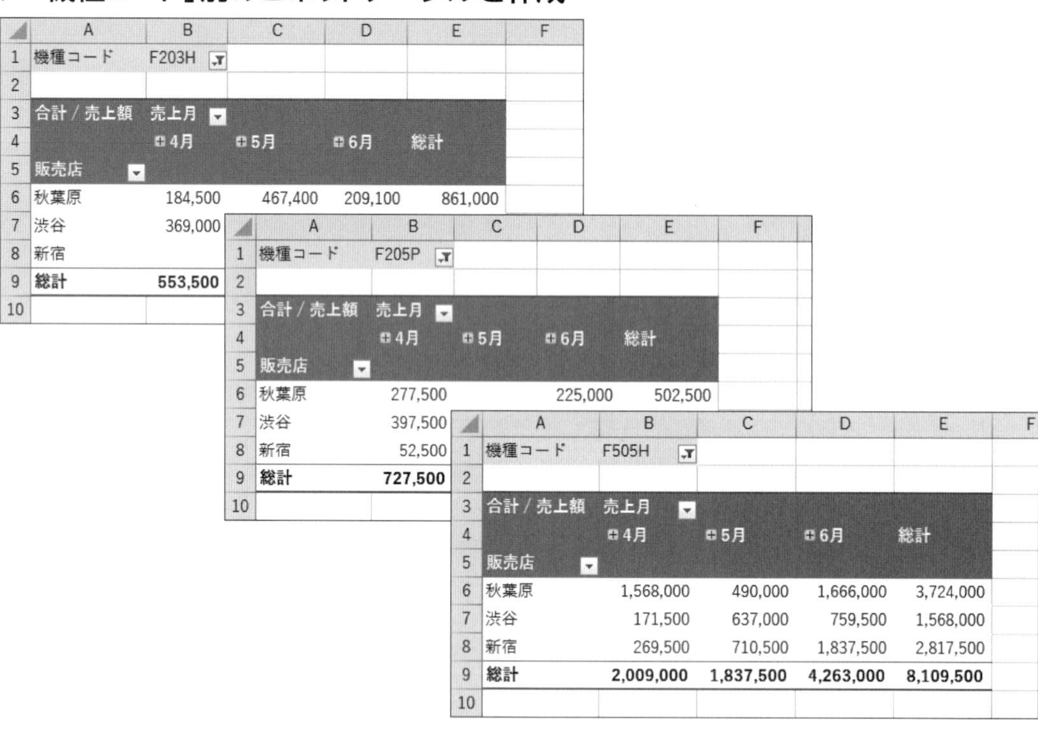

機種コード F203H

合計 / 売上額	売上月			
販売店	4月	5月	6月	総計
秋葉原	184,500	467,400	209,100	861,000
渋谷	369,000			
新宿				
総計	553,500			

機種コード F205P

合計 / 売上額	売上月			
販売店	4月	5月	6月	総計
秋葉原	277,500		225,000	502,500
渋谷	397,500			
新宿	52,500			
総計	727,500			

機種コード F505H

合計 / 売上額	売上月			
販売店	4月	5月	6月	総計
秋葉原	1,568,000	490,000	1,666,000	3,724,000
渋谷	171,500	637,000	759,500	1,568,000
新宿	269,500	710,500	1,837,500	2,817,500
総計	2,009,000	1,837,500	4,263,000	8,109,500

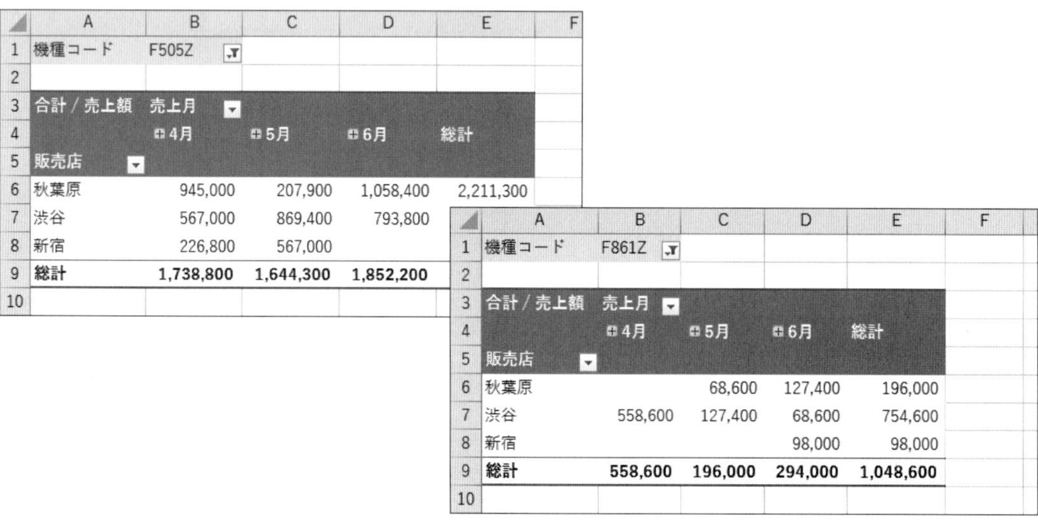

機種コード F505Z

合計 / 売上額	売上月			
販売店	4月	5月	6月	総計
秋葉原	945,000	207,900	1,058,400	2,211,300
渋谷	567,000	869,400	793,800	
新宿	226,800	567,000		
総計	1,738,800	1,644,300	1,852,200	

機種コード F861Z

合計 / 売上額	売上月			
販売店	4月	5月	6月	総計
秋葉原		68,600	127,400	196,000
渋谷	558,600	127,400	68,600	754,600
新宿			98,000	98,000
総計	558,600	196,000	294,000	1,048,600

応用 P.164 ① 表のデータをもとに、次のようにフィールドを配置してピボットテーブルを作成しましょう。ピボットテーブルは新しいシートに作成します。

行ラベルエリア：担当者
列ラベルエリア：売上日
値エリア　　　：売上額

応用 P.168 ② 値エリアの数値に3桁区切りカンマを付けましょう。

応用 P.170 ③ シート「**第1四半期**」のセル【**G6**】を「**30**」に変更し、ピボットテーブルを更新しましょう。

応用 P.171 ④ レポートフィルターエリアに「**販売店**」を配置して、「**渋谷**」の集計結果を表示しましょう。確認後、すべての販売店のデータを表示しておきましょう。

応用 P.173 ⑤ 行ラベルエリアの「**担当者**」の下に「**機種コード**」を追加しましょう。

応用 P.174 ⑥ 行ラベルエリアから「**担当者**」を削除しましょう。

応用 P.172 ⑦ レポートフィルターエリアの「**販売店**」と行ラベルエリアの「**機種コード**」を入れ替えましょう。

応用 P.176 ⑧ ピボットテーブルスタイルを「**ピボットスタイル（中間）9**」に変更しましょう。

応用 P.177 ⑨ 行ラベルエリアの見出し名を「**販売店**」、列ラベルエリアの見出し名を「**売上月**」に変更しましょう。

応用 P.174 ⑩ 全体の総計を100%とした場合の売上構成比が表示されるように集計方法を変更しましょう。確認後、集計方法をもとに戻しておきましょう。

応用 P.177 ⑪ 「**秋葉原**」の「**4月**」の詳細データを新しいシートに表示しましょう。
次に、新しいシートのA列の列幅を自動調整しましょう。

応用 P.178 ⑫ 「**機種コード**」別のピボットテーブルをそれぞれ新しいシートに作成しましょう。
次に、新しいシートの内容をそれぞれ確認しましょう。

※ブックに「Lesson28完成」と名前を付けて、フォルダー「学習ファイル」に保存し、閉じておきましょう。

Lesson 29 第6章 ピボットテーブルとピボットグラフの作成

解答 ▶ P.39

完成図のようなピボットテーブルとピボットグラフを作成しましょう。

File OPEN フォルダー「学習ファイル」のブック「Lesson29」を開いておきましょう。

●完成図

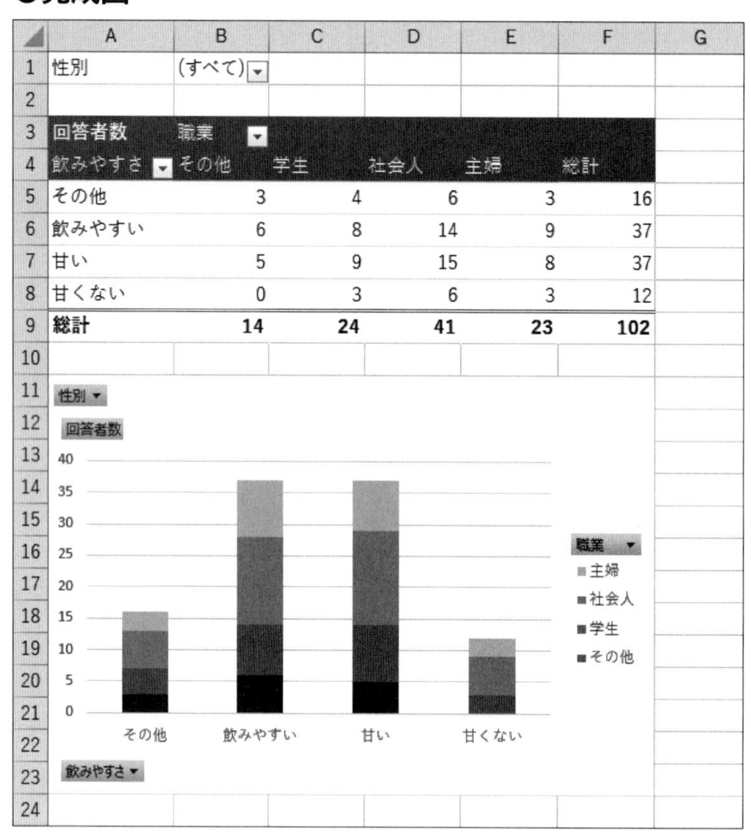

性別	(すべて)				
回答者数	職業				
飲みやすさ	その他	学生	社会人	主婦	総計
その他	3	4	6	3	16
飲みやすい	6	8	14	9	37
甘い	5	9	15	8	37
甘くない	0	3	6	3	12
総計	**14**	**24**	**41**	**23**	**102**

▶スライサーを表示して、購入予定がある社会人の集計結果を表示

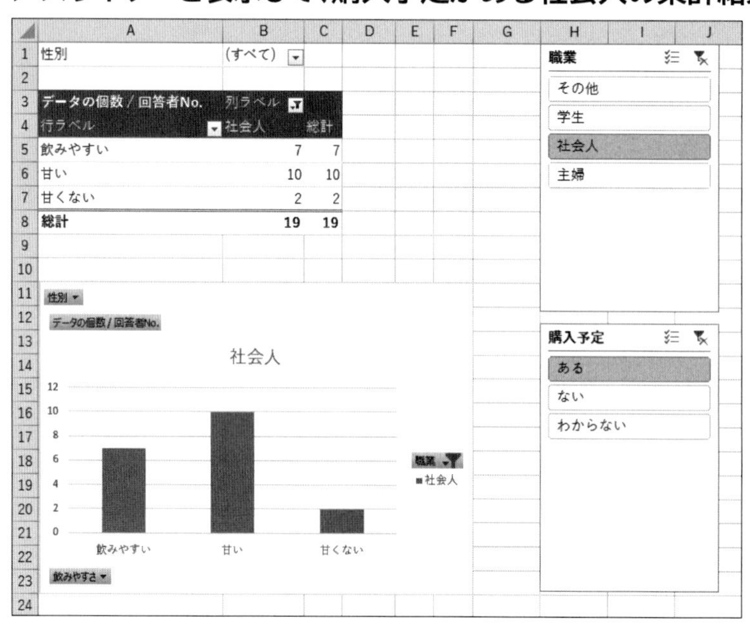

性別	(すべて)	
データの個数 / 回答者No.	列ラベル	
行ラベル	社会人	総計
飲みやすい	7	7
甘い	10	10
甘くない	2	2
総計	**19**	**19**

応用 P.164

① 表のデータをもとに、次のようにフィールドを配置してピボットテーブルを作成しましょう。ピボットテーブルは新しいシートに作成します。

レポートフィルターエリア	**：性別**
行ラベルエリア	**：価格**
列ラベルエリア	**：職業**
値エリア	**：回答者No.**

応用 P.169

② 値エリアの空白セルに「0（ゼロ）」を表示しましょう。

Hint 空白セルに値を表示するには、ピボットテーブル内のセルを選択→《分析》タブ→（ピボットテーブル）→《ピボットテーブル》グループの オプション（ピボットテーブルオプション）→《レイアウトと書式》タブ→《☑空白セルに表示する値》を使います。

応用 P.176

③ ピボットテーブルスタイルを「**ピボットスタイル（中間）2**」に変更しましょう。

応用 P.181

④ ピボットテーブルをもとにピボットグラフを作成し、セル範囲【A11：F23】に配置しましょう。グラフの種類は積み上げ縦棒にします。

応用 P.182

⑤ 軸（項目）エリアの「**価格**」の下に「**飲みやすさ**」を追加しましょう。

応用 P.183

⑥ 軸（項目）エリアの「**価格**」を削除しましょう。

応用 P.183

⑦ ピボットグラフに「**社会人**」のデータだけを表示しましょう。確認後、すべての職業のデータを表示しましょう。

応用 P.184

⑧ 「**職業**」と「**購入予定**」のスライサーを表示して、購入予定がある社会人のデータに絞り込んで集計結果を表示しましょう。

応用 P.184,186

⑨ ⑧で設定したフィルターを解除し、スライサーを削除しましょう。

Hint スライサーを削除するには、スライサーを選択して Delete を押します。

応用 P.177

⑩ ピボットテーブルの値エリアの見出し名を「**回答者数**」、行ラベルエリアの見出し名を「**飲みやすさ**」、列ラベルエリアの見出し名を「**職業**」に変更しましょう。
次に、A列の列幅を12文字分、B列からF列までの列幅を9文字分に設定しましょう。

※ブックに「Lesson29完成」と名前を付けて、フォルダー「学習ファイル」に保存し、閉じておきましょう。

Lesson30 第7章 マクロの作成

解答 ► P.40

完成図のようなマクロを作成しましょう。

フォルダー「学習ファイル」のブック「Lesson30」を開いておきましょう。

●完成図

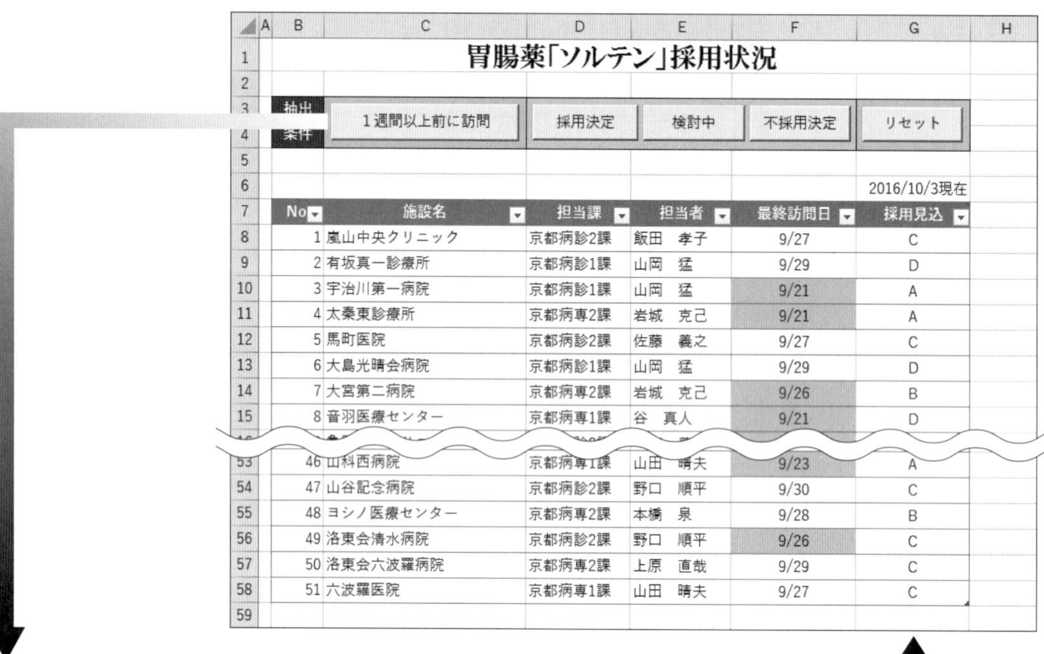

胃腸薬「ソルテン」採用状況

抽出条件：1週間以上前に訪問｜採用決定｜検討中｜不採用決定｜リセット

2016/10/3現在

	No	施設名	担当課	担当者	最終訪問日	採用見込
8	1	嵐山中央クリニック	京都病診2課	飯田 孝子	9/27	C
9	2	有坂真一診療所	京都病診1課	山岡 猛	9/29	D
10	3	宇治川第一病院	京都病診1課	山岡 猛	9/21	A
11	4	太秦東診療所	京都病専2課	岩城 克己	9/21	A
12	5	馬町医院	京都病診2課	佐藤 義之	9/27	C
13	6	大島光晴会病院	京都病診1課	山岡 猛	9/29	D
14	7	大宮第二病院	京都病専2課	岩城 克己	9/26	B
15	8	音羽医療センター	京都病専1課	谷 真人	9/21	D
53	46	山科西病院	京都病専1課	山田 晴夫	9/23	A
54	47	山谷記念病院	京都病診2課	野口 順平	9/30	C
55	48	ヨシノ医療センター	京都病専2課	本橋 泉	9/28	B
56	49	洛東会清水病院	京都病診2課	野口 順平	9/26	C
57	50	洛東会六波羅病院	京都病専2課	上原 直哉	9/29	C
58	51	六波羅医院	京都病専1課	山田 晴夫	9/27	C

胃腸薬「ソルテン」採用状況

抽出条件：1週間以上前に訪問｜採用決定｜検討中｜不採用決定｜リセット

2016/10/3現在

	No	施設名	担当課	担当者	最終訪問日	採用見込
10	3	宇治川第一病院	京都病診1課	山岡 猛	9/21	A
11	4	太秦東診療所	京都病専2課	岩城 克己	9/21	A
14	7	大宮第二病院	京都病専2課	岩城 克己	9/26	B
15	8	音羽医療センター	京都病専1課	谷 真人	9/21	D
16	9	亀岡中央クリニック	京都病診2課	佐藤 義之	9/21	C
17	10	加茂川北病院	京都病診1課	川村 雄介	9/26	A
18	11	祇園中央病院	京都病専1課	谷 真人	9/26	C
20	13	京都第一医療大学付属病院	京都病診1課	土井 明彦	9/20	E
24	17	公立川村病院	京都病診1課	森 和夫	9/21	D
25	18	国保新谷病院	京都病専1課	富田 正道	9/26	C
26	19	国保向山町病院	京都病診2課	安村 昭	9/23	C
27	20	斉藤みなえクリニック	京都病専1課	富田 正道	9/23	B
28	21	済生会北山病院	京都病診1課	今田 康成	9/21	C
30	23	嵯峨野医療センター	京都病専1課	富田 正道	9/26	C
31	24	篠山会縄手病院	京都病専2課	安田 隆	9/21	A
32	25	篠山会病院	京都病診2課	飯田 孝子	9/23	C
34	27	市立高野川病院	京都病専1課	谷口 達男	9/23	B
35	28	白田総合病院	京都病専1課	伊藤 慶子	9/23	E
39	32	田代記念病院	京都病専2課	村内 洋介	9/26	A
40	33	東福寺内科クリニック	京都病診2課	石田 伸吾	9/21	E
41	34	富川関西病院	京都病診1課	今田 康成	9/26	B
44	37	西陣中央クリニック	京都病診2課	石田 伸吾	9/23	A
45	38	西洞院内科クリニック	京都病専2課	上原 直哉	9/26	A
46	39	春岡記念病院	京都病診2課	石田 伸吾	9/23	C
47	40	東山保健会病院	京都病診2課	小谷 浩三	9/23	C
49	42	堀川大学付属病院	京都病診2課	小谷 浩三	9/23	C
51	44	室町医療大学付属病院	京都病診1課	吉野 守	9/21	E
53	46	山科西病院	京都病専1課	山田 晴夫	9/23	A
56	49	洛東会清水病院	京都病診2課	野口 順平	9/26	C

応用 P.196 ① リボンに《開発》タブを表示しましょう。

応用 P.198 ② 次の動作をするマクロ「最終訪問日」を作成しましょう。マクロの保存先は、「作業中のブック」とします。

●「最終訪問日」のセルが水色のレコードを抽出
●アクティブセルをホームポジションに戻す

※「最終訪問日」のデータには、あらかじめ条件付き書式で、セル【G6】より7日以前のセルに水色の塗りつぶしを設定しています。

応用 P.202 ③ 次の動作をするマクロ「リセット」を作成しましょう。マクロの保存先は、「作業中のブック」とします。

●フィルターの条件をすべてクリアする
●アクティブセルをホームポジションに戻す

応用 P.205 ④ マクロ「最終訪問日」を実行しましょう。
次に、マクロ「リセット」を実行しましょう。

応用 P.198 ⑤ 次の動作をするマクロ「採用決定」「検討中」「不採用決定」を作成しましょう。マクロの保存先は、「作業中のブック」とします。

マクロ「採用決定」

●「採用見込」が「A」のレコードを抽出する
●アクティブセルをホームポジションに戻す

マクロ「検討中」

●「採用見込」が「B」「C」「D」のレコードを抽出する
●アクティブセルをホームポジションに戻す

マクロ「不採用決定」

●「採用見込」が「E」のレコードを抽出する
●アクティブセルをホームポジションに戻す

応用 P.206 ⑥ 完成図を参考に、ボタンを5つ作成し、②③⑤で作成したマクロをそれぞれ次のボタン名で登録しましょう。

マクロ「最終訪問日」：ボタン「1週間以上前に訪問」
マクロ「採用決定」：ボタン「採用決定」
マクロ「検討中」：ボタン「検討中」
マクロ「不採用決定」：ボタン「不採用決定」
マクロ「リセット」：ボタン「リセット」

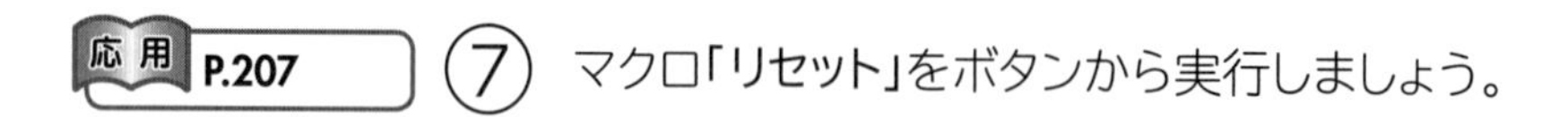

応用 P.207 ⑦ マクロ「リセット」をボタンから実行しましょう。

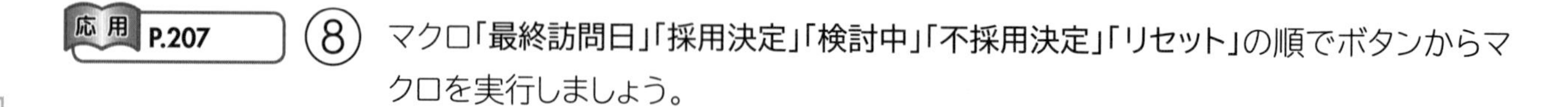

応用 P.207 ⑧ マクロ「最終訪問日」「採用決定」「検討中」「不採用決定」「リセット」の順でボタンからマクロを実行しましょう。

応用 P.209 ⑨ ブックに「Lesson30完成」と名前を付けて、Excelマクロ有効ブックとしてフォルダー「学習ファイル」に保存しましょう。
次に、ブック「Lesson30完成」を閉じましょう。

応用 P.210 ⑩ ブック「Lesson30完成」を開いて、マクロを有効にしましょう。

応用 P.210 ⑪ 《開発》タブを非表示にしましょう。

Hint 《開発》タブを非表示にするには、《ファイル》タブ→《オプション》→左側の一覧から《リボンのユーザー設定》を選択→《リボンのユーザー設定》の ▾ →一覧から《メインタブ》を選択→《開発》を □ にします。

※ブックを保存せずに閉じておきましょう。

便利な機能

解答 ▶ P.42

完成図のような表とグラフを作成しましょう。

フォルダー「学習ファイル」のブック「Lesson31」を開いておきましょう。

●完成図

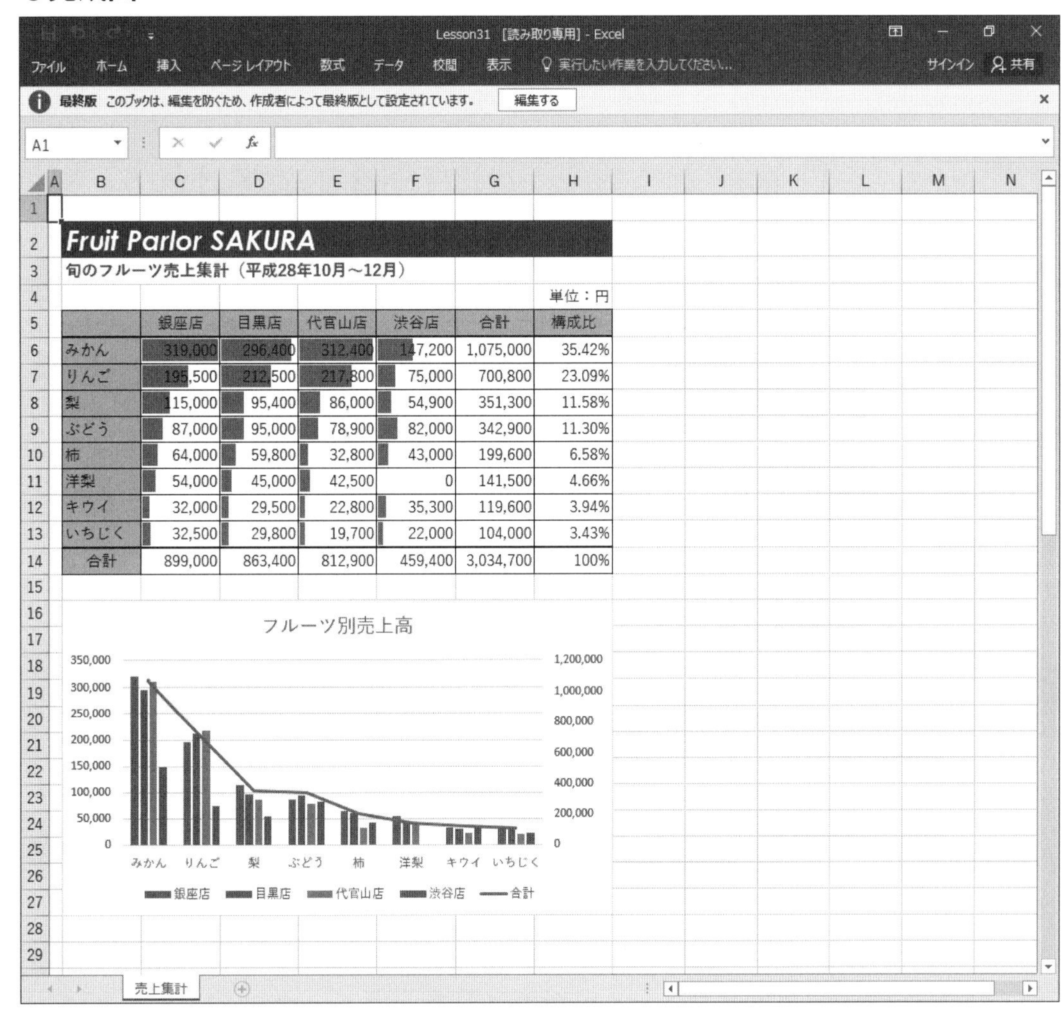

Fruit Parlor SAKURA

旬のフルーツ売上集計（平成28年10月～12月）

単位：円

	銀座店	目黒店	代官山店	渋谷店	合計	構成比
みかん	319,000	296,400	312,400	147,200	1,075,000	35.42%
りんご	195,500	212,500	217,800	75,000	700,800	23.09%
梨	115,000	95,400	86,000	54,900	351,300	11.58%
ぶどう	87,000	95,000	78,900	82,000	342,900	11.30%
柿	64,000	59,800	32,800	43,000	199,600	6.58%
洋梨	54,000	45,000	42,500	0	141,500	4.66%
キウイ	32,000	29,500	22,800	35,300	119,600	3.94%
いちじく	32,500	29,800	19,700	22,000	104,000	3.43%
合計	899,000	863,400	812,900	459,400	3,034,700	100%

応用 P.222
① クイック分析を使って、セル範囲【C6:F13】にデータバーを表示しましょう。

応用 P.221
② クイック分析を使って、セル範囲【G6:G13】をもとに、セル範囲【H6:H13】に合計の比率を求めましょう。
次に、セル範囲【H6:H13】の太字を解除しましょう。

Hint 合計の比率を求めるには、(クイック分析)→《合計》→《合計の比率》を使います。

応用 P.223
③ クイック分析を使って、セル範囲【B5:G13】のデータをもとに、集合縦棒グラフ(縦棒グラフと折れ線グラフの複合グラフ)を挿入しましょう。

基礎 P.172-174
④ 作成したグラフをセル範囲【B16:H27】に配置しましょう。
次に、グラフタイトルに「**フルーツ別売上高**」と入力しましょう。

応用 P.77
⑤ 「**合計**」のデータ系列を、第2軸を使用した折れ線グラフに変更しましょう。

応用 P.228
⑥ ブックのアクセシビリティをチェックしましょう。

応用 P.229
⑦ 作成したグラフの代替テキストに「**フルーツ別売上高**」を設定しましょう。
次に、セル範囲【B2:H3】のセル結合を解除しましょう。

応用 P.231
⑧ ブックを最終版として保存しましょう。

※ブックを閉じておきましょう。

第8章

便利な機能

解答 ▶ P.43

完成図のような表を作成しましょう。

フォルダー「学習ファイル」のブック「Lesson32」のシート「注文書」を開いておきましょう。
※アクティブシートを切り替えて、各シートの内容を確認しておきましょう。

●完成図

	A	B	C	D	E	F
1	販売促進課）岡本宛					
2	y-okamoto@nscompany.xx.xx					
3						
4	社員用注文書					
5	注文日	2016年11月4日				
6	部署名	営業第2課				
7	社員番号	49018				
8	氏名	佐藤　紀子				
9	メールアドレス	n-sato@nscompany.xx.xx				
10	住所	〒231-0023　神奈川県横浜市中区山下町X-X-X				
11	電話番号	090-1111-XXXX				
12	お届け希望日時	2016年11月9日(水曜日)		午前		
13						
14	商品番号	商品名	単価	数量	金額	
15	MI1001	マイルドウォッシュ	2,880	1	2,880	
16	MI1004	マイルドクリーム	4,050	1	4,050	
17						
18						
19						
20						
21						
22						
23						
24						
25	合計				6,930	
26						
27						

注文書　商品一覧

応用 P.225 ① ブックのプロパティに、次の情報を設定しましょう。

タイトル　：社員用注文書
キーワード：Natural Skincare

応用 P.226 ② ドキュメント検査を行ってすべての項目を検査し、検査結果からプロパティ以外の情報を削除しましょう。
※あらかじめセル【D14】にコメントが挿入され、C列が非表示になっています。

応用 P.66-67 ③ セル範囲【B5:E12】【A15:A24】【D15:D24】のロックを解除し、シート「注文書」を保護しましょう。

応用 P.232 ④ シート「注文書」に「社内販売用注文フォーム」という名前を付けて、テンプレートとして保存しましょう。
保存後、テンプレートを閉じておきましょう。

応用 P.233 ⑤ テンプレート「社内販売用注文フォーム」を使って、新しいブックを作成し、次のデータを入力しましょう。

セル【B5】　：2016/11/4
セル【B6】　：営業第2課
セル【B7】　：49018
セル【B8】　：佐藤　紀子
セル【B9】　：n-sato@nscompany.xx.xx
セル【B10】：〒231-0023　神奈川県横浜市中区山下町X-X-X
セル【B11】：090-1111-XXXX
セル【B12】：2016/11/9
セル【D12】：リストから「午前」を選択
セル【A15】：リストから「MI1001」を選択
セル【D15】：1
セル【A16】：リストから「MI1004」を選択
セル【D16】：1

※セル【B5】とセル【B12】にはあらかじめ日付の書式が設定されています。
※セル範囲【B5:E12】【A15:A24】【D15:D24】にはあらかじめ入力規則が設定されています。
※セル範囲【B15:C24】には、あらかじめVLOOKUP関数が入力されています。「商品番号」を入力すると、商品名と単価が自動的に表示されます。

※ブックを保存せずに閉じておきましょう。

便利な機能

解答 ▶ P.44

完成図のような表を作成しましょう。

File OPEN Excelを起動して、スタート画面を表示しておきましょう。

●完成図

売上表（集計）

単位：箱

商品名	4月	5月	6月	7月	8月	9月	合計
しそ漬け梅干し	134	115	117	93	116	171	746
こんぶ梅干し	128	96	85	87	90	125	611
うす塩梅干し	114	81	79	71	84	104	533
はちみつ梅干し	98	85	93	66	73	98	513
合計	474	377	374	317	363	498	2,403

集計

▶参照するデータ

売上表（店頭販売）

単位：箱

商品名	4月	5月	6月	7月	8月	9月	合計
しそ漬け梅干し	50	46	52	48	53	78	327
こんぶ梅干し	60	45	41	50	55	65	316
うす塩梅干し	55	38	34	35	37	42	241
はちみつ梅干し	41	35	45	33	38	49	241
合計	206	164	172	166	183	234	1,125

店頭販売

売上表（インターネット販売）

単位：箱

商品名	4月	5月	6月	7月	8月	9月	合計
しそ漬け梅干し	50	47	35	22	35	48	237
こんぶ梅干し	40	30	29	27	20	35	181
うす塩梅干し	31	28	24	18	25	28	154
はちみつ梅干し	25	25	30	22	18	23	143
合計	146	130	118	89	98	134	715

インターネット販売

売上表（カタログ販売）

単位：箱

商品名	4月	5月	6月	7月	8月	9月	合計
しそ漬け梅干し	34	22	30	23	28	45	182
こんぶ梅干し	28	21	15	10	15	25	114
うす塩梅干し	28	15	21	18	22	34	138
はちみつ梅干し	32	25	18	11	17	26	129
合計	122	83	84	62	82	130	563

カタログ販売

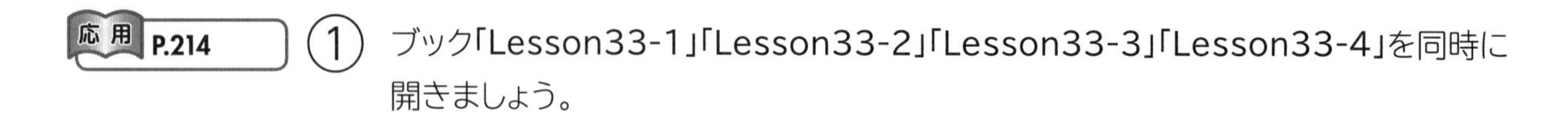

応用 P.214 ① ブック「Lesson33-1」「Lesson33-2」「Lesson33-3」「Lesson33-4」を同時に開きましょう。

応用 P.215 ② ブックを切り替えて、各ブックの内容を確認しましょう。

応用 P.216 ③ 開いている4つのブックを並べて表示しましょう。

基礎 P.26 ④ 開いている4つのブックの画面の表示倍率をそれぞれ80%に縮小しましょう。

応用 P.217 ⑤ ブック「Lesson33-4」のセル【C5】に、ブック「Lesson33-1」「Lesson33-2」「Lesson33-3」のセル【C5】を合計する数式を入力しましょう。

応用 P.217 ⑥ ブック「Lesson33-4」のセル【C5】の数式をセル範囲【C6:C8】にコピーしましょう。次に、セル範囲【C5:C8】の数式をセル範囲【D5:H8】にコピーしましょう。

応用 P.220 ⑦ ブック「Lesson33-1」のセル【C5】の数値を「50」に変更し、ブック「Lesson33-4」に変更が反映されることを確認しましょう。

※ブック「Lesson33-4」に「Lesson33完成」と名前を付けて、フォルダー「学習ファイル」に保存し、閉じておきましょう。「Lesson33-1」は上書き保存し、そのほかのブックは保存せずに閉じておきましょう。

よくわかる

Skill Up

Microsoft® Excel® 2016

まとめ

Lesson 34 まとめ

解答 ► P.46

次のようなブックを作成しましょう。

フォルダー「学習ファイル」のブック「Lesson34」のシート「売上表」を開いておきましょう。

※アクティブシートを切り替えて、各シートの内容を確認しておきましょう。

●シート「売上表」

液晶テレビ売上表(12月)

伝票コード	日付	得意先コード	得意先名	商品コード	機種名	単価	数量	売上金額
001101	12/1	301	株式会社陽光ゼネラル	101	AR120（26インチ）	45,000	8	360,000
001102	12/1	304	ミノタ株式会社	102	BH100（32インチ）	60,100	12	721,200
001103	12/2	306	イケガミ電機株式会社	105	YH280（46インチ）	149,700	3	449,100
001104	12/2	307	篠原東電機株式会社	102	BH100（32インチ）	60,100	9	540,900
001105	12/2	301	株式会社陽光ゼネラル	103	GU201（37インチ）	95,000	11	1,045,000
001106	12/5	303	川浪電気株式会社	104	TH150（42インチ）	116,300	8	930,400
001107	12/5	304	ミノタ株式会社	105	YH280（46インチ）	149,700	4	598,800
001108	12/6	305	山上電機株式会社	103	GU201（37インチ）	95,000	12	1,140,000
001109	12/6	306	イケガミ電機株式会社	101	AR120（26インチ）	45,000	6	270,000
001110	12/6	307	篠原東電機株式会社	104	TH150（42インチ）	116,300	7	814,100
001111	12/7	301	株式会社陽光ゼネラル	105	YH280（46インチ）	149,700	5	748,500
001112	12/7	305	山上電機株式会社	102	BH100（32インチ）	60,100	12	721,200
001113	12/8	306	イケガミ電機株式会社	103	GU201（37インチ）	95,000	10	950,000
001114	12/8	307	篠原東電機株式会社	105	YH280（46インチ）	149,700	3	449,100
001115	12/9	301	株式会社陽光ゼネラル	101	AR120（26インチ）	45,000	6	270,000
001116	12/9	304	ミノタ株式会社	104	TH150（42インチ）	116,300	10	1,163,000
001117	12/9	306	イケガミ電機株式会社	105	YH280（46インチ）	149,700	4	598,800
001118	12/9	307	篠原東電機株式会社	102	BH100（32インチ）	60,100	12	721,200
001119	12/12	301	株式会社陽光ゼネラル	104	TH150（42インチ）	116,300	8	930,400
001120	12/12	306	イケガミ電機株式会社	101	AR120（26インチ）	45,000	4	180,000
001121	12/13	302	真野電機株式会社	103	GU201（37インチ）	95,000	7	665,000
001122	12/13	303	川浪電気株式会社	101	AR120（26インチ）	45,000	8	360,000
001123	12/13	304	ミノタ株式会社	105	YH280（46インチ）	149,700	5	748,500
001124	12/14	306	イケガミ電機株式会社	102	BH100（32インチ）	60,100	10	601,000
001125	12/14	307	篠原東電機株式会社	103	GU201（37インチ）	95,000	12	1,140,000
001126	12/15	305	山上電機株式会社	104	TH150（42インチ）	116,300	6	697,800
001127	12/15	301	株式会社陽光ゼネラル	102	BH100（32インチ）	60,100	9	540,900
001128	12/15	302	真野電機株式会社	103	GU201（37インチ）	95,000	10	950,000
001129	12/16	307	篠原東電機株式会社	101	AR120（26インチ）	45,000	5	225,000
001130	12/16	304	ミノタ株式会社	104	TH150（42インチ）	116,300	10	1,163,000
001131	12/19	302	真野電機株式会社	105	YH280（46インチ）	149,700	3	449,100
001132	12/19	301	株式会社陽光ゼネラル	101	AR120（26インチ）	45,000	8	360,000
001133	12/20	306	イケガミ電機株式会社	102	BH100（32インチ）	60,100	8	480,800
001134	12/21	303	川浪電気株式会社	104	TH150（42インチ）	116,300	8	930,400
001135	12/21	302	真野電機株式会社	103	GU201（37インチ）	95,000	9	855,000
001136	12/22	306	イケガミ電機株式会社	101	AR120（26インチ）	45,000	8	360,000
001137	12/22	305	山上電機株式会社	105	YH280（46インチ）	149,700	4	598,800
001138	12/26	307	篠原東電機株式会社	102	BH100（32インチ）	60,100	12	721,200
001139	12/26	301	株式会社陽光ゼネラル	104	TH150（42インチ）	116,300	7	814,100
001140	12/26	302	真野電機株式会社	103	GU201（37インチ）	95,000	8	760,000
001141	12/27	305	山上電機株式会社	101	AR120（26インチ）	45,000	7	315,000

Sheet1　売上表　得意先別売上表　商品リスト　得意先リスト

●シート「得意先別売上表」

売上集計表(12月)

得意先コード	得意先名	前月迄売上	当月売上	累計売上	累計売上構成比
301	株式会社陽光ゼネラル	12,422,600	5,068,900	17,491,500	14.5%
302	真野電機株式会社	18,336,000	3,679,100	22,015,100	18.3%
303	川浪電気株式会社	9,555,600	2,220,800	11,776,400	9.8%
304	ミノタ株式会社	13,556,000	4,394,500	17,950,500	14.9%
305	山上電機株式会社	9,660,000	3,472,800	13,132,800	10.9%
306	イケガミ電機株式会社	15,200,000	3,889,700	19,089,700	15.8%
307	篠原東電機株式会社	14,445,000	4,611,500	19,056,500	15.8%
合計		93,175,200	27,337,300	120,512,500	100.0%

…　売上表　得意先別売上表　商品リスト　得意先リスト

●シート「売上表」のデータをもとに作成したピボットテーブル

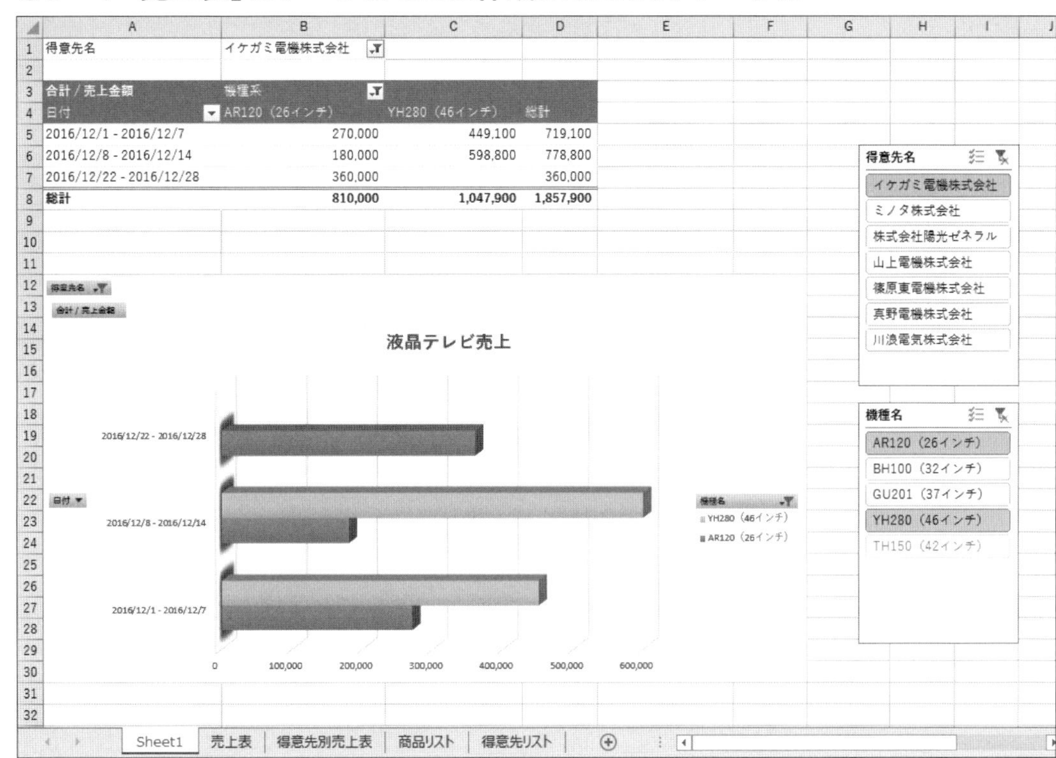

基礎 P.218

① シート「売上表」の1行目から4行目までの見出しを固定し、データを確認しましょう。

応用 P.53

② シート「売上表」のセル【B5】の「1101」が「001101」と表示されるように、表示形式を設定しましょう。

基礎 P.63

③ セル【B5】をもとに、セル範囲【B6:B45】に1ずつ増加する数値を入力しましょう。

基礎 P.64
応用 P.31

④ シート「売上表」のセル【E5】に、セル【D5】の「得意先コード」に対応する「得意先名」を表示する数式を入力しましょう。シート「得意先リスト」の表を参照します。
次に、セル【E5】の数式をセル範囲【E6:E45】にコピーして、「得意先名」欄を完成させましょう。

応用 P.31

⑤ シート「売上表」のセル範囲【G5:H5】に、セル【F5】の「商品コード」に対応する「機種名」「単価」を表示する数式を入力しましょう。シート「商品リスト」の表を参照します。

Hint セル【H5】にコピーできるように、セル【F5】は列だけを固定します。

基礎 P.64,79

⑥ シート「売上表」のセル【H5】に、3桁区切りカンマを付けましょう。
次に、セル範囲【G5:H5】の数式をセル範囲【G6:H45】にコピーして、「機種名」欄と「単価」欄を完成させましょう。

基礎 P.45,64 ⑦ シート「**売上表**」のセル【J5】に「**売上金額**」を求める数式を入力しましょう。
次に、セル【J5】の数式をセル範囲【J6:J45】にコピーして、「**売上金額**」欄を完成させましょう。

⑧ シート「**得意先別売上表**」のセル【E5】に、シート「**売上表**」をもとに得意先別の「**当月売上**」を求める数式を入力しましょう。
次に、セル【E5】の数式をセル範囲【E6:E11】にコピーして、「**当月売上**」欄を完成させましょう。

Hint SUMIF関数を使って求めます。

基礎 P.133 ⑨ シート「**得意先別売上表**」のセル範囲【D12:E12】とセル範囲【F5:F12】にそれぞれの合計を求める数式を入力しましょう。

基礎 P.45,64,80,82 ⑩ シート「**得意先別売上表**」のセル【G5】に「**累計売上構成比**」を求める数式を入力し、小数点第1位までのパーセントで表示されるように、表示形式を設定しましょう。
次に、セル【G5】の数式をセル範囲【G6:G12】にコピーして、「**累計売上構成比**」欄を完成させましょう。

応用 P.164 ⑪ シート「**売上表**」のデータをもとに、次のようにフィールドを配置してピボットテーブルを作成しましょう。ピボットテーブルは新しいシートに作成します。

レポートフィルターエリア	**:得意先名**
行ラベルエリア	**:機種名**
列ラベルエリア	**:日付**
値エリア	**:売上金額**

応用 P.167 ⑫ ピボットテーブルの「**日付**」を、7日単位で表示しましょう。

Hint 「日付」を7日単位で表示するには、《分析》タブ→ (ピボットテーブルグループ)→《グループ》グループの フィールドのグループ化 (フィールドのグループ化)→《単位》の《日》を選択→《日数》を「7」に設定します。

応用 P.168 ⑬ 値エリアの数値に3桁区切りカンマを付けましょう。

応用 P.176 ⑭ ピボットテーブルスタイルを「**ピボットスタイル(中間)5**」に変更しましょう。

応用 P.181 ⑮ ピボットテーブルをもとに、「**機種名**」ごとの総計を表すピボットグラフを作成しましょう。グラフの種類は、3-Dの集合横棒にします。

基礎 P.26,173-174 ⑯ シート「**Sheet1**」の画面の表示倍率を80%に縮小し、ピボットグラフをセル範囲【A12:F30】に配置しましょう。

基礎 P.185 ⑰ ピボットグラフの行の項目と列の項目を切り替えましょう。

基礎 P.188 ⑱ ピボットグラフのレイアウトを「**レイアウト1**」に変更しましょう。

基礎 P.183 ⑲ グラフタイトルに「**液晶テレビ売上**」と入力しましょう。

基礎 P.175-176 ⑳ ピボットグラフのスタイルを「**スタイル11**」に変更しましょう。
次に、グラフの色を「**色3**」に変更しましょう。

応用 P.177 ㉑ ピボットテーブルの行ラベルエリアの見出し名を「**日付**」、列ラベルエリアの見出し名を「**機種名**」に変更しましょう。

応用 P.184 ㉒ 「**得意先名**」と「**機種名**」のスライサーを表示して、「**イケガミ電機株式会社**」の「AR120(26インチ)」と「YH280(46インチ)」のデータに絞り込んで総計結果を表示しましょう。

Hint 連続しない集計対象を選択する場合は、1つ目の集計対象を選択→ Ctrl を押しながら、2つ目以降の集計対象を選択します。

※ブックに「Lesson34完成」と名前を付けて、フォルダー「学習ファイル」に保存し、閉じておきましょう。

Lesson35 まとめ

解答 ► P.48

次のような表を作成しましょう。

フォルダー「学習ファイル」のブック「Lesson35」を開いておきましょう。

●シート「上期売上実績表」

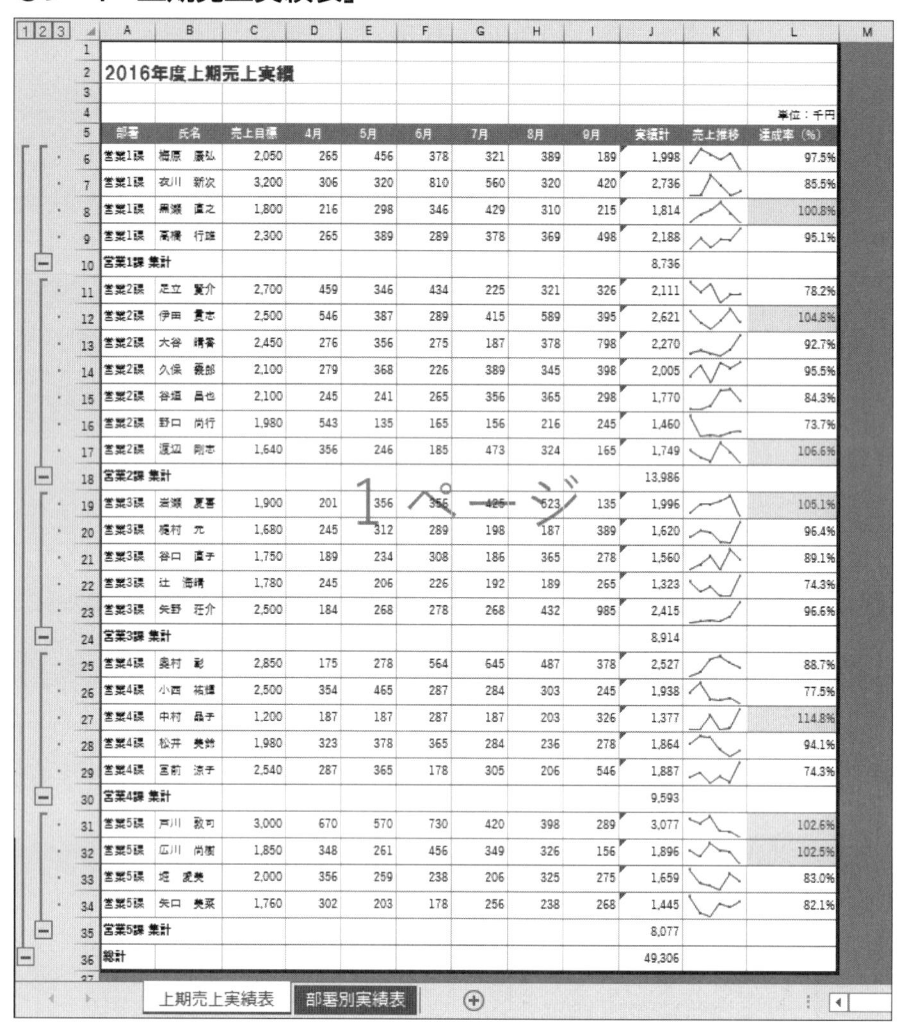

2016年度上期売上実績

単位：千円

部署	氏名	売上目標	4月	5月	6月	7月	8月	9月	実績計	売上推移	達成率（%）
営業1課	梅原　康弘	2,050	265	456	378	321	389	189	1,998		97.5%
営業1課	衣川　新次	3,200	306	320	810	560	320	420	2,736		85.5%
営業1課	黒瀬　直之	1,800	216	298	346	429	310	215	1,814		100.8%
営業1課	高橋　行雄	2,300	265	389	289	378	369	498	2,188		95.1%
営業1課 集計									8,736		
営業2課	足立　賢介	2,700	459	346	434	225	321	326	2,111		78.2%
営業2課	伊田　貴志	2,500	546	387	289	415	589	395	2,621		104.8%
営業2課	大谷　晴香	2,450	276	356	275	187	378	798	2,270		92.7%
営業2課	久保　義郎	2,100	279	368	226	389	345	398	2,005		95.5%
営業2課	谷垣　昌也	2,100	245	241	265	356	365	298	1,770		84.3%
営業2課	野口　尚行	1,980	543	135	165	156	216	245	1,460		73.7%
営業2課	渡辺　剛志	1,640	356	246	185	473	324	165	1,749		106.6%
営業2課 集計									13,986		
営業3課	岩瀬　夏香	1,900	201	356	356	426	523	135	1,996		105.1%
営業3課	梶村　充	1,680	245	312	289	198	187	389	1,620		96.4%
営業3課	谷口　直子	1,750	189	234	308	186	365	278	1,560		89.1%
営業3課	辻　海晴	1,780	245	206	226	192	189	265	1,323		74.3%
営業3課	矢野　荘介	2,500	184	268	278	268	432	985	2,415		96.6%
営業3課 集計									8,914		
営業4課	奥村　彰	2,850	175	278	564	645	487	378	2,527		88.7%
営業4課	小西　祐輝	2,500	354	465	287	284	303	245	1,938		77.5%
営業4課	中村　晶子	1,200	187	187	287	187	203	326	1,377		114.8%
営業4課	松井　美鈴	1,980	323	378	365	284	236	278	1,864		94.1%
営業4課	宮前　涼子	2,540	287	365	178	305	206	546	1,887		74.3%
営業4課 集計									9,593		
営業5課	戸川　敦司	3,000	670	570	730	420	398	289	3,077		102.6%
営業5課	広川　尚樹	1,850	348	261	456	349	326	156	1,896		102.5%
営業5課	堀　波美	2,000	356	259	238	206	325	275	1,659		83.0%
営業5課	矢口　美来	1,760	302	203	178	256	238	268	1,445		82.1%
営業5課 集計									8,077		
総計									49,306		

●シート「部署別実績計」

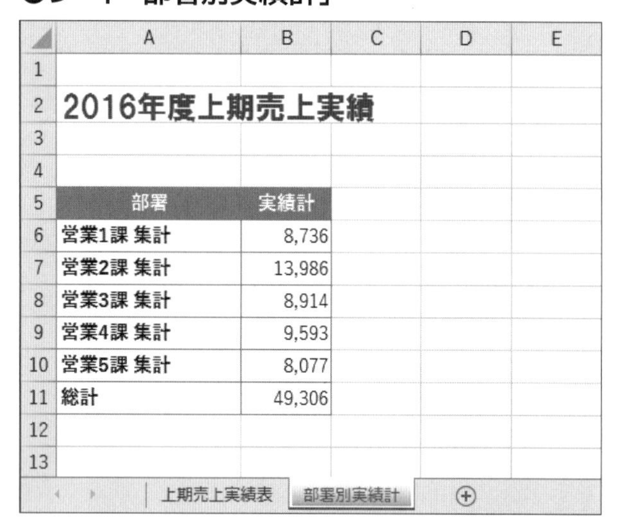

2016年度上期売上実績

部署	実績計
営業1課 集計	8,736
営業2課 集計	13,986
営業3課 集計	8,914
営業4課 集計	9,593
営業5課 集計	8,077
総計	49,306

基礎 P.88-90

① セル【A2】に次の書式を設定しましょう。

フォント　　　：HGS創英角ゴシックUB
フォントサイズ：18ポイント
フォントの色　：ブルーグレー、テキスト2

基礎 P.45,64,80,82

② セル【K6】に「達成率(%)」を求める数式を入力し、小数点第1位までのパーセントで表示されるように、表示形式を設定しましょう。
次に、セル【K6】の数式をセル範囲【K7:K30】にコピーして、「達成率(%)」欄を完成させましょう。

応用 P.221

③ クイック分析を使って、「達成率(%)」が100%より大きいセルに、「濃い緑の文字、緑の背景」の書式を設定しましょう。

応用 P.152,154

④ 表をテーブルに変換し、テーブルスタイルを「テーブルスタイル(淡色)9」に設定しましょう。

応用 P.157

⑤ テーブルの最終行に集計行を表示し、「実績計」の合計と「達成率(%)」の平均をそれぞれ表示しましょう。

応用 P.153

⑥ テーブルスタイルの設定は残したまま、テーブルをもとの表に変換しましょう。

基礎 P.85

⑦ セル【K4】に「単位:千円」と入力し、文字列を右に揃えましょう。

基礎 P.100

⑧ J列とK列の間に1列挿入し、セル【K5】に「売上推移」と入力しましょう。

Hint 列を挿入するには、列番号を右クリック→《挿入》を使います。

応用 P.103,105

⑨ セル【K6:K30】に4月から9月までの売上推移を表す折れ線スパークラインを作成し、マーカーを表示しましょう。

Hint マーカーを表示するには、《デザイン》タブ→《表示》グループの《マーカー》を使います。

基礎 P.97

⑩ 6行目から30行目までの行の高さを25ポイントに変更しましょう。

基礎 P.204

⑪ 「部署」を昇順で並べ替えましょう。

応用 P.143

⑫ 「部署」ごとに「実績計」を合計する集計行を追加しましょう。

基礎 P.101
応用 P.146

⑬ アウトライン記号を使って、「部署」ごとの集計行だけを表示し、B列からI列までを非表示にしましょう。

⑭ シート上に表示されているセル範囲【A1：J36】だけをコピーし、新しいシートのセル【A1】を開始位置として貼り付けましょう。
次に、新しいシートのA列の列幅を18文字分に設定し、表全体に格子の罫線を引きましょう。罫線の色は「青、アクセント1」にします。

Hint 罫線の色は、《セルの書式設定》ダイアログボックスの《罫線》タブ→《色》で設定します。

基礎 P.129-130

⑮ シート「Sheet1」の名前を「**部署別実績計**」に変更し、シート見出しの色を「**青**」にしましょう。

基礎 P.102
応用 P.146

⑯ シート「**上期売上実績表**」の非表示にした列を再表示しましょう。
次に、アウトライン記号を使って、すべてのデータを表示しましょう。

基礎 P.77

⑰ 完成図を参考に、シート「**上期売上実績表**」の表の34行目から36行目に罫線を引きましょう。罫線の色は「**青、アクセント1**」にします。

基礎 P.26,151

⑱ シート「**上期売上実績表**」の表示モードをページレイアウトに切り替えて、画面の表示倍率を80%にしましょう。

基礎 P.152,154

⑲ シート「**上期売上実績表**」が次の設定で印刷されるようにページを設定しましょう。

用紙サイズ	**：A4**
用紙の向き	**：縦**
ヘッダーの右側	**：現在の日付**
フッターの右側	**：シート名**

基礎 P.159-161

⑳ 表示モードを改ページプレビューに切り替えて、シート「**上期売上実績表**」のすべてのデータが1ページに印刷されるように設定し、1部印刷しましょう。

※ブックに「Lesson35完成」と名前を付けて、フォルダー「学習ファイル」に保存し、閉じておきましょう。

Lesson 36 まとめ

解答 ► P.51

次のような表を作成しましょう。

フォルダー「学習ファイル」のブック「Lesson36」のシート「コード表」を開いておきましょう。
※アクティブシートを切り替えて、各シートの内容を確認しておきましょう。

●PDFファイル「御見積書（株式会社フジサワ様）」

見積No.22110
平成28年7月1日

御見積書

株式会社フジサワ　御中

納品期日：　ご注文後1週間以内
納品場所：　貴社指定のとおり
取引方法：　月末〆翌月末払い
御見積有効期限：　発行後2週間

下記のとおり御見積申し上げます。

FOM製薬株式会社
〒167-0032
東京都杉並区天沼3-6-XX
キャシービル15F
TEL 03-5401-XXXX
FAX 03-5401-XXXX
第一営業部長
佐藤 弘明

御見積金額　¥383,940
（消費税含）

No.	型番	商品名（内容量）	単価	数量	金額	備考
1	YAM3060	ガトーショコラ（2個装）	400	650	260,000	
2	SAW3325	フルーツゼリー（15個）	500	270	135,000	
			小計		395,000	
			値引き	10%	39,500	
			合計		355,500	
			消費税	8%	28,440	
			総計		383,940	

●テンプレート「御見積書フォーマット」

平成28年7月1日

御見積書

納品期日：　ご注文後1週間以内
納品場所：　貴社指定のとおり
取引方法：　月末〆翌月末払い
御見積有効期限：　発行後2週間

下記のとおり御見積申し上げます。

FOM製薬株式会社
〒167-0032
東京都杉並区天沼3-6-XX
キャシービル15F
TEL 03-5401-XXXX
FAX 03-5401-XXXX
第一営業部長
佐藤 弘明

御見積金額　¥0
（消費税含）

No.	型番	商品名（内容量）	単価	数量	金額	備考
1						
			小計		0	
			値引き	10%	0	
			合計		0	
			消費税	8%	0	
			総計		0	

御見積書　コード表

基礎 P.95,100

① シート「コード表」のD列とE列の間に1列挿入しましょう。
次に、E列の列幅を24文字分に設定し、セル【E4】に「商品名(内容量)」と入力しましょう。

基礎 P.224

② フラッシュフィルを使って、セル範囲【E5:E13】に次のような入力パターンの「商品名(内容量)」を入力しましょう。
次に、C列からD列までを削除しましょう。

●セル【E5】

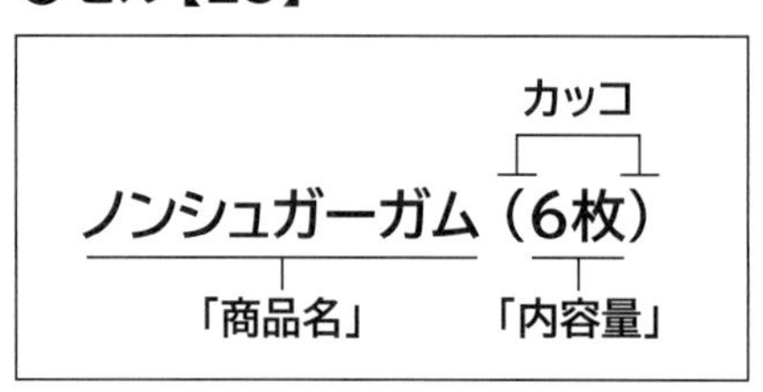

応用 P.54

③ シート「御見積書」のセル【H1】が「見積No.10010」と表示されるように、表示形式を設定しましょう。

応用 P.27,55

④ シート「御見積書」のセル【H2】に本日の日付を表示する数式を入力し、「平成○○年○月○日」と和暦で表示されるように、表示形式を設定しましょう。

Hint 日付を和暦で表示するには、《ホーム》タブ→《数値》グループの → 《表示形式》タブ→《分類》の《日付》→《カレンダーの種類》を使います。

基礎 P.86,89,91

⑤ シート「御見積書」のセル範囲【B4:H4】を結合し、セルの中央に配置しましょう。
次に、セル【B4】に次の書式を設定しましょう。

フォントサイズ:18ポイント
太字

応用 P.55

⑥ セル【C6】が「株式会社ヤマモト□御中」と表示されるように、表示形式を設定しましょう。
※□は全角空白を表します。

基礎 P.92

⑦ セル【G8】にセルのスタイル「見出し4」を設定しましょう。

応用 P.57

⑧ セルをクリックしたときに、日本語入力システムがオフになるように、シート「御見積書」のセル【H1】、セル範囲【C20:C29】、セル範囲【F20:F29】に入力規則を設定しましょう。
次に、日本語入力システムがオンになるように、セル【C6】、セル範囲【H20:H34】に入力規則を設定しましょう。

応用 P.34

⑨ シート「御見積書」のセル範囲【D20:E20】に、セル【C20】の「型番」に対応する「商品名(内容量)」と「単価」を表示する数式を入力しましょう。シート「コード表」の表を参照します。ただし、セル【C20】に「型番」が入力されていない場合は、何も表示されないようにします。

応用 P.20

⑩ シート「**御見積書**」のセル【G20】に「**金額**」を求める数式を入力しましょう。ただし、「**型番**」が入力されていない場合は、何も表示されないようにします。

基礎 P.64

⑪ シート「**御見積書**」のセル範囲【D20:E20】とセル【G20】の数式を、それぞれ29行目まで罫線を変更しないようにコピーしましょう。

基礎 P.142

⑫ シート「**御見積書**」のセル【D16】にセル【G34】のデータを参照する数式を入力しましょう。

応用 P.225

⑬ ブックのプロパティに、次の情報を設定しましょう。

タイトル ：御見積書	作成者 ：第一営業部

応用 P.226

⑭ ドキュメント検査を行ってすべての項目を検査し、検査結果からコメントと注釈を削除しましょう。

基礎 P.36-39,52

⑮ シート「**御見積書**」のセル【H1】とセル【C6】のデータをクリアして、次のデータを入力しましょう。

セル【H1】 ：22110	セル【F20】 ：650
セル【C6】 ：株式会社フジサワ	セル【C21】 ：SAW3325
セル【C20】：YAM3060	セル【F21】 ：270

基礎 P.159-161

⑯ 表示モードを改ページプレビューに切り替えて、シート「**御見積書**」のすべてのデータが1ページに印刷されるように設定し、1部印刷しましょう。

基礎 P.237

⑰ シート「**御見積書**」をPDFファイルとして、「**御見積書（株式会社フジサワ様）**」と名前を付けて、フォルダー「**学習ファイル**」に保存しましょう。
また、保存後、PDFファイルを表示しましょう。

Hint 選択したシートをPDFファイルにするには、《PDFまたはXPS形式で発行》ダイアログボックスの《オプション》から《(●)選択したシート》を設定します。

※PDFファイルを閉じておきましょう。

応用 P.66-67

⑱ シート「**御見積書**」の表示モードを標準に切り替えて、セル【H1】、セル【C6】、セル範囲【C20:C29】、セル範囲【F20:F29】、セル範囲【H20:H34】のロックを解除しましょう。
次に、シートを保護しましょう。

基礎 P.52
応用 P.232

⑲ ⑮で入力したデータをクリアし、ブックに「**御見積書フォーマット**」という名前を付けて、テンプレートとして保存しましょう。なお、アクティブセルはセル【H1】にします。
※テンプレートを閉じておきましょう。

応用 P.233

⑳ テンプレート「**御見積書フォーマット**」を使って、新しいブックを作成しましょう。

※ブックを保存せずに閉じておきましょう。

Lesson 37 まとめ

解答 ► P.54

次のような表とグラフを作成しましょう。

フォルダー「学習ファイル」のブック「Lesson37」のシート「山都」を開いておきましょう。

※アクティブシートを切り替えて、各シートの内容を確認しておきましょう。

●完成図

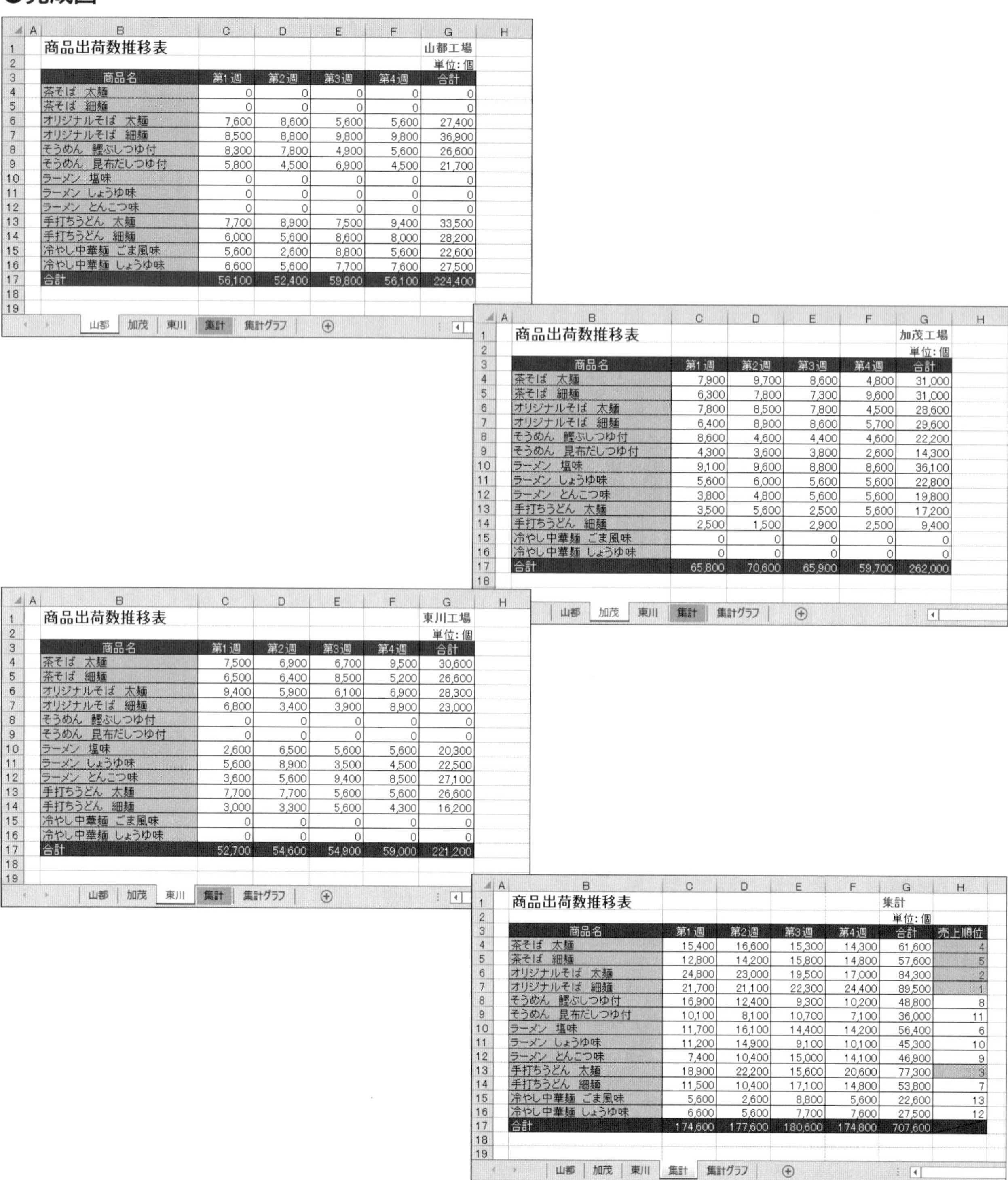

商品出荷数推移表　山都工場　単位:個

商品名	第1週	第2週	第3週	第4週	合計
茶そば　太麺	0	0	0	0	0
茶そば　細麺	0	0	0	0	0
オリジナルそば　太麺	7,600	8,600	5,600	5,600	27,400
オリジナルそば　細麺	8,500	8,800	9,800	9,800	36,900
そうめん　鰹ぶしつゆ付	8,300	7,800	4,900	5,600	26,600
そうめん　昆布だしつゆ付	5,800	4,500	6,900	4,500	21,700
ラーメン　塩味	0	0	0	0	0
ラーメン　しょうゆ味	0	0	0	0	0
ラーメン　とんこつ味	0	0	0	0	0
手打ちうどん　太麺	7,700	8,900	7,500	9,400	33,500
手打ちうどん　細麺	6,000	5,600	8,600	8,000	28,200
冷やし中華麺　ごま風味	5,600	2,600	8,800	5,600	22,600
冷やし中華麺　しょうゆ味	6,600	5,600	7,700	7,600	27,500
合計	56,100	52,400	59,800	56,100	224,400

山都 | 加茂 | 東川 | 集計 | 集計グラフ

商品出荷数推移表　加茂工場　単位:個

商品名	第1週	第2週	第3週	第4週	合計
茶そば　太麺	7,900	9,700	8,600	4,800	31,000
茶そば　細麺	6,300	7,800	7,300	9,600	31,000
オリジナルそば　太麺	7,800	8,500	7,800	4,500	28,600
オリジナルそば　細麺	6,400	8,900	8,600	5,700	29,600
そうめん　鰹ぶしつゆ付	8,600	4,600	4,400	4,600	22,200
そうめん　昆布だしつゆ付	4,300	3,600	3,800	2,600	14,300
ラーメン　塩味	9,100	9,600	8,800	8,600	36,100
ラーメン　しょうゆ味	5,600	6,000	5,600	5,600	22,800
ラーメン　とんこつ味	3,800	4,800	5,600	5,600	19,800
手打ちうどん　太麺	3,500	5,600	2,500	5,600	17,200
手打ちうどん　細麺	2,500	1,500	2,900	2,500	9,400
冷やし中華麺　ごま風味	0	0	0	0	0
冷やし中華麺　しょうゆ味	0	0	0	0	0
合計	65,800	70,600	65,900	59,700	262,000

山都 | 加茂 | 東川 | 集計 | 集計グラフ

商品出荷数推移表　東川工場　単位:個

商品名	第1週	第2週	第3週	第4週	合計
茶そば　太麺	7,500	6,900	6,700	9,500	30,600
茶そば　細麺	6,500	6,400	8,500	5,200	26,600
オリジナルそば　太麺	9,400	5,900	6,100	6,900	28,300
オリジナルそば　細麺	6,800	3,400	3,900	8,900	23,000
そうめん　鰹ぶしつゆ付	0	0	0	0	0
そうめん　昆布だしつゆ付	0	0	0	0	0
ラーメン　塩味	2,600	6,500	5,600	5,600	20,300
ラーメン　しょうゆ味	5,600	8,900	3,500	4,500	22,500
ラーメン　とんこつ味	3,600	5,600	9,400	8,500	27,100
手打ちうどん　太麺	7,700	7,700	5,600	5,600	26,600
手打ちうどん　細麺	3,000	3,300	5,600	4,300	16,200
冷やし中華麺　ごま風味	0	0	0	0	0
冷やし中華麺　しょうゆ味	0	0	0	0	0
合計	52,700	54,600	54,900	59,000	221,200

山都 | 加茂 | 東川 | 集計 | 集計グラフ

商品出荷数推移表　集計　単位:個

商品名	第1週	第2週	第3週	第4週	合計	売上順位
茶そば　太麺	15,400	16,600	15,300	14,300	61,600	4
茶そば　細麺	12,800	14,200	15,800	14,800	57,600	5
オリジナルそば　太麺	24,800	23,000	19,500	17,000	84,300	2
オリジナルそば　細麺	21,700	21,100	22,300	24,400	89,500	1
そうめん　鰹ぶしつゆ付	16,900	12,400	9,300	10,200	48,800	8
そうめん　昆布だしつゆ付	10,100	8,100	10,700	7,100	36,000	11
ラーメン　塩味	11,700	16,100	14,400	14,200	56,400	6
ラーメン　しょうゆ味	11,200	14,900	9,100	10,100	45,300	10
ラーメン　とんこつ味	7,400	10,400	15,000	14,100	46,900	9
手打ちうどん　太麺	18,900	22,200	15,600	20,600	77,300	3
手打ちうどん　細麺	11,500	10,400	17,100	14,800	53,800	7
冷やし中華麺　ごま風味	5,600	2,600	8,800	5,600	22,600	13
冷やし中華麺　しょうゆ味	6,600	5,600	7,700	7,600	27,500	12
合計	174,600	177,600	180,600	174,800	707,600	

山都 | 加茂 | 東川 | 集計 | 集計グラフ

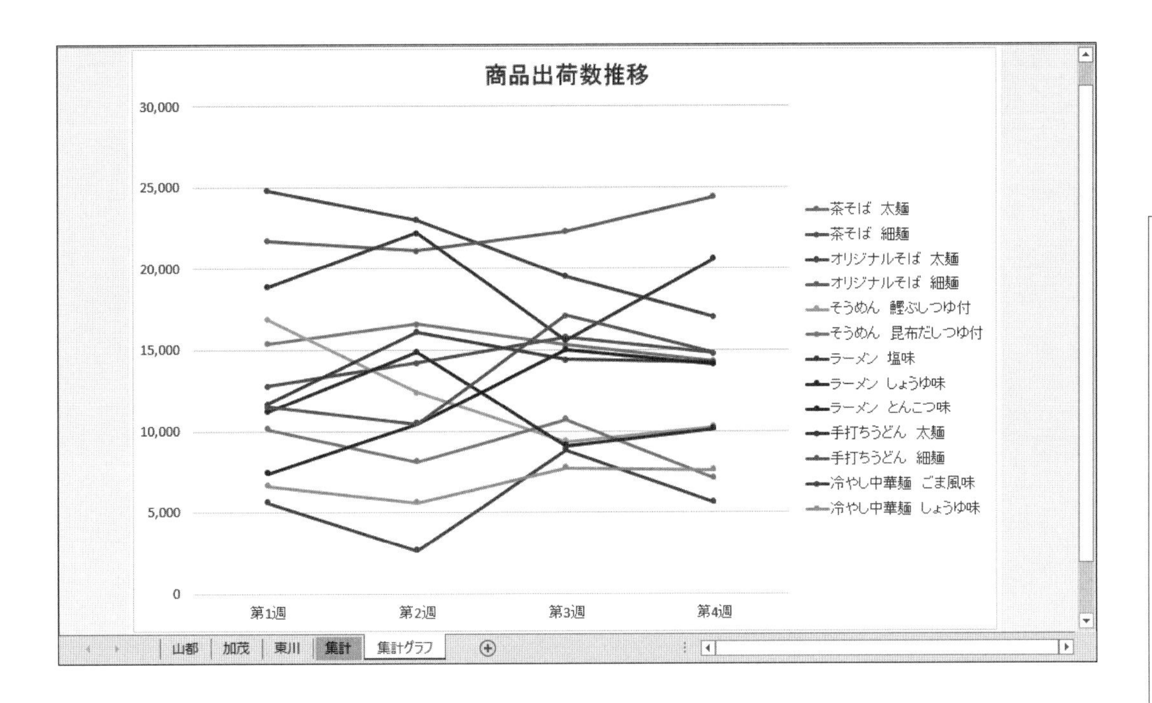

基礎 P.131

① シート「**山都**」「**加茂**」「**東川**」を作業グループに設定しましょう。

基礎 P.21,62,71,79,95,132

② 作業グループとして設定した3枚のシートに、次の操作を一括して行いましょう。

A列の列幅を2文字分にする
B列の列幅を自動調整する
セル範囲【C3:F3】に「第1週」から「第4週」までを入力
セル範囲【C17:F17】とセル範囲【G4:G17】に合計を求める
セル範囲【C4:G17】に3桁区切りカンマを付ける
アクティブセルをホームポジションに戻す

基礎 P.134

③ 作業グループを解除しましょう。

基礎 P.129-130,136

④ シート「**東川**」を右側にコピーしましょう。
次に、シート名を「**集計**」に変更し、シート見出しの色を「**薄い緑**」に設定しましょう。

基礎 P.41,52

⑤ シート「**集計**」のセル【**G1**】を「**集計**」に変更し、セル範囲【**C4:F16**】のデータをクリアしましょう。

基礎 P.138

⑥ シート「**集計**」に、シート「**山都**」からシート「**東川**」までの3枚のシートの数値を集計しましょう。

基礎 P.220

⑦ シート「**集計**」のセル範囲【**G3:G17**】の書式をセル範囲【**H3:H17**】にコピーしましょう。

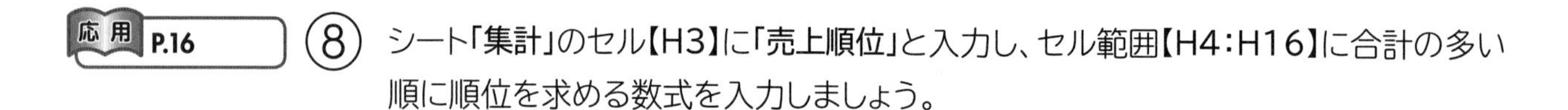

応用 P.16
⑧ シート「**集計**」のセル【H3】に「**売上順位**」と入力し、セル範囲【H4：H16】に合計の多い順に順位を求める数式を入力しましょう。

応用 P.47
⑨ シート「**集計**」の「**売上順位**」の1位から5位までのセルに「**濃い赤の文字、明るい赤の背景**」の書式を設定しましょう。

基礎 P.77
⑩ シート「**集計**」のセル【H17】に右上がりの斜線を引きましょう。

応用 P.134
⑪ ブックのテーマを「**レトロスペクト**」に変更しましょう。

基礎 P.167,183
⑫ シート「**集計**」の表のデータをもとに、「**商品ごとの週別出荷数**」を表すマーカー付き折れ線グラフを作成しましょう。
次に、グラフタイトルに「**商品出荷数推移**」と入力しましょう。

基礎 P.185
⑬ グラフの行の項目と列の項目を切り替えましょう。

基礎 P.129,184
⑭ グラフをグラフシートに移動しましょう。
シートの名前は「**集計グラフ**」にし、シート「**集計**」の右側に移動します。

基礎 P.190
⑮ グラフエリアのフォントサイズを12ポイントに変更しましょう。
次に、グラフタイトルのフォントサイズを20ポイントに変更しましょう。

⑯ 凡例を右に配置しましょう。

応用 P.228-229
⑰ ブックのアクセシビリティをチェックしましょう。
次に、アクセシビリティチェックの結果をもとに、シート「**集計グラフ**」のマーカー付き折れ線グラフの代替テキストに「**出荷数推移グラフ**」を設定しましょう。

応用 P.231
⑱ シート「**集計**」に切り替えて、ブックを最終版として保存しましょう。

※ブックを閉じておきましょう。

Lesson 38 まとめ

解答 ▶ P.56

次のような表を作成しましょう。

フォルダー「学習ファイル」のブック「Lesson38」を開いておきましょう。

●完成図

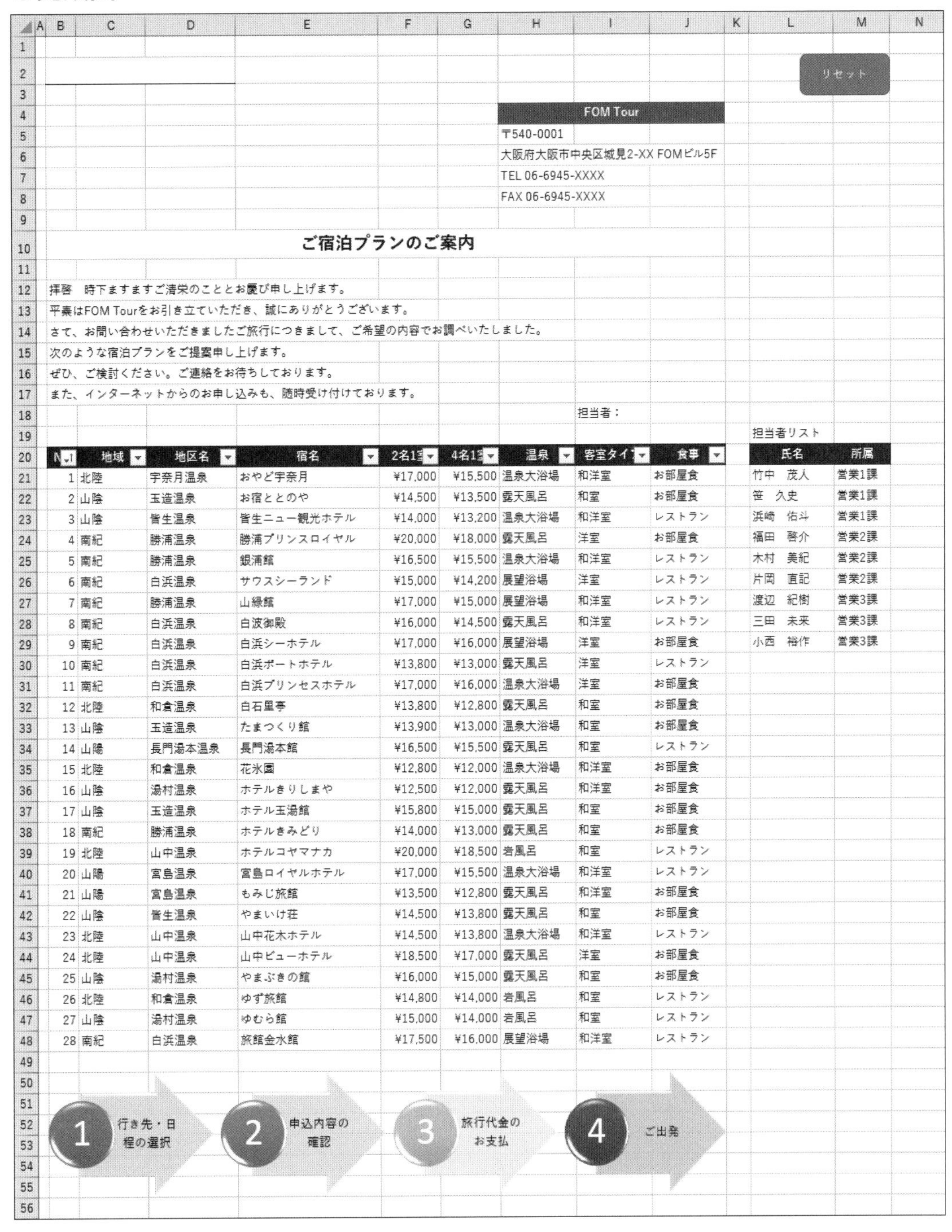

FOM Tour
〒540-0001
大阪府大阪市中央区城見2-XX FOMビル5F
TEL 06-6945-XXXX
FAX 06-6945-XXXX

ご宿泊プランのご案内

拝啓　時下ますますご清栄のこととお慶び申し上げます。
平素はFOM Tourをお引き立ていただき、誠にありがとうございます。
さて、お問い合わせいただきましたご旅行につきまして、ご希望の内容でお調べいたしました。
次のような宿泊プランをご提案申し上げます。
ぜひ、ご検討ください。ご連絡をお待ちしております。
また、インターネットからのお申し込みも、随時受け付けております。

担当者：

N	地域	地区名	宿名	2名1室	4名1室	温泉	客室タイ	食事
1	北陸	宇奈月温泉	おやど宇奈月	¥17,000	¥15,500	温泉大浴場	和洋室	お部屋食
2	山陰	玉造温泉	お宿ととのや	¥14,500	¥13,500	露天風呂	和室	お部屋食
3	山陰	皆生温泉	皆生ニュー観光ホテル	¥14,000	¥13,200	温泉大浴場	和洋室	レストラン
4	南紀	勝浦温泉	勝浦プリンスロイヤル	¥20,000	¥18,000	露天風呂	洋室	お部屋食
5	南紀	勝浦温泉	銀浦館	¥16,500	¥15,500	温泉大浴場	和洋室	レストラン
6	南紀	白浜温泉	サウスシーランド	¥15,000	¥14,200	展望浴場	洋室	レストラン
7	南紀	勝浦温泉	山緑館	¥17,000	¥15,000	展望浴場	和洋室	レストラン
8	南紀	白浜温泉	白波御殿	¥16,000	¥14,500	露天風呂	和洋室	レストラン
9	南紀	白浜温泉	白浜シーホテル	¥17,000	¥16,000	展望浴場	洋室	お部屋食
10	南紀	白浜温泉	白浜ポートホテル	¥13,800	¥13,000	露天風呂	洋室	レストラン
11	南紀	白浜温泉	白浜プリンセスホテル	¥17,000	¥16,000	温泉大浴場	洋室	お部屋食
12	北陸	和倉温泉	白石里亭	¥13,800	¥12,800	露天風呂	和室	お部屋食
13	山陰	玉造温泉	たまつくり館	¥13,900	¥13,000	温泉大浴場	和室	お部屋食
14	山陽	長門湯本温泉	長門湯本館	¥16,500	¥15,500	露天風呂	和室	レストラン
15	北陸	和倉温泉	花氷園	¥12,800	¥12,000	温泉大浴場	和洋室	お部屋食
16	山陰	湯村温泉	ホテルきりしまや	¥12,500	¥12,000	露天風呂	和洋室	お部屋食
17	山陰	玉造温泉	ホテル玉湯館	¥15,800	¥15,000	露天風呂	和室	お部屋食
18	南紀	勝浦温泉	ホテルきみどり	¥14,000	¥13,000	露天風呂	和室	お部屋食
19	北陸	山中温泉	ホテルコヤマナカ	¥20,000	¥18,500	岩風呂	和室	レストラン
20	山陽	宮島温泉	宮島ロイヤルホテル	¥17,000	¥15,500	温泉大浴場	和洋室	レストラン
21	山陽	宮島温泉	もみじ旅館	¥13,500	¥12,800	露天風呂	和洋室	お部屋食
22	山陰	皆生温泉	やまいけ荘	¥14,500	¥13,800	露天風呂	和室	お部屋食
23	北陸	山中温泉	山中花木ホテル	¥14,500	¥13,800	温泉大浴場	和洋室	レストラン
24	北陸	山中温泉	山中ビューホテル	¥18,500	¥17,000	露天風呂	洋室	お部屋食
25	山陰	湯村温泉	やまぶきの館	¥16,000	¥15,000	露天風呂	和室	お部屋食
26	北陸	和倉温泉	ゆず旅館	¥14,800	¥14,000	岩風呂	和室	レストラン
27	山陰	湯村温泉	ゆむら館	¥15,000	¥14,000	岩風呂	和室	レストラン
28	南紀	白浜温泉	旅館金水館	¥17,500	¥16,000	展望浴場	和洋室	レストラン

担当者リスト

氏名	所属
竹中　茂人	営業1課
笹　久史	営業1課
浜崎　佑斗	営業1課
福田　啓介	営業2課
木村　美紀	営業2課
片岡　直記	営業2課
渡辺　紀樹	営業3課
三田　未来	営業3課
小西　裕作	営業3課

基礎 P.232 ① 文字列「**大浴場**」をすべて「**温泉大浴場**」に置換しましょう。

応用 P.57 ② セルをクリックしたときに、日本語入力システムがオンになるように、セル【B2】に入力規則を設定しましょう。
次に、セル【B2】に「**佐藤□直樹**」と入力しましょう。
※□は全角空白を表します。

応用 P.55 ③ セル【B2】の「**佐藤□直樹**」が「**佐藤□直樹□様**」と表示されるように、表示形式を設定しましょう。
※□は全角空白を表します。

基礎 P.75,86,89,91 ④ セル範囲【B2:D2】を結合してセルの中央に配置し、次の書式を設定しましょう。

フォントサイズ：14ポイント
太字
罫線　：下罫線

応用 P.60 ⑤ セル【J18】に「**担当者**」を入力する際、「**担当者リスト**」の「**氏名**」をリストから選択できるように、入力規則を設定しましょう。設定後、リストから「**木村　美紀**」を選択しましょう。

基礎 P.209,215 ⑥ 次の条件を満たすレコードを抽出しましょう。

「地域」が「南紀」または「北陸」
「4名1室」が15,000円以下

応用 P.43 ⑦ 「4名1室」が13,000円以下のセルに、任意の水色の背景の書式を設定しましょう。

応用 P.111,113 ⑧ 矢印型ステップのSmartArtグラフィックを挿入し、セル範囲【B50:J55】に配置しましょう。

応用 P.114 ⑨ テキストウィンドウを使って、SmartArtグラフィックに次の文字列を入力しましょう。それ以外の箇条書きの項目は削除します。

- **1**
  - **行き先・日程の選択**
- **2**
  - **申込内容の確認**
- **3**
  - **旅行代金のお支払**
- **4**
  - **ご出発**

応用 P.118

⑩ SmartArtグラフィックのスタイルを「カラフル-全アクセント」、「立体グラデーション」に変更しましょう。

応用 P.119

⑪ SmartArtグラフィックの矢印の図形のフォントサイズを11ポイントに変更しましょう。

基礎 P.26,151

⑫ 表示モードをページレイアウトに切り替えて、画面の表示倍率を70%にしましょう。

基礎 P.152,154

⑬ 次の設定で印刷されるようにページを設定しましょう。

用紙サイズ	：A4
用紙の向き	：縦
ページ中央	：水平
ヘッダーの右側	：現在の日付
フッターの中央	：「FOM Tour」

基礎 P.160-161

⑭ 表示モードを改ページプレビューに切り替え、L列からM列までを印刷範囲から除いて、1ページに印刷されるように設定しましょう。設定後、表示モードを標準に切り替えておきましょう。

基礎 P.21,52,202,211
応用 P.47,196,198

⑮ 《開発》タブを表示し、次の動作をするマクロ「リセット」を作成しましょう。マクロの保存先は、「作業中のブック」とします。

- セル【B2】とセル【J18】のデータをクリアする
- フィルターの条件をすべてクリアする
- 「No.」を昇順で並べ替える
- シート全体の条件付き書式をすべて解除する
- アクティブセルをホームポジションに戻す

Hint 条件付き書式の解除は、《ホーム》タブ→《スタイル》グループの 条件付き書式 (条件付き書式)→《ルールのクリア》を使います。

応用 P.121,124,126,207

⑯ 完成図を参考に、図形の「角丸四角形」を作成し、「リセット」という文字列を追加しましょう。追加した文字列は、図形の中央に配置します。
次に、作成した図形にマクロ「リセット」を登録しましょう。

Hint 図形にマクロを登録するには、図形を右クリック→《マクロの登録》で設定します。

基礎 P.209
応用 P.42,60

⑰ 次の操作を行いましょう。

セル【B2】に「村田□奈美」と入力
セル【J18】のリストから「笹　久史」を選択
「地区名」が「白浜温泉」を抽出
「温泉」が「露天風呂」のセルに「濃い赤の文字、明るい赤の背景」の書式を設定

※□は全角空白を表します。

応用 P.207 ⑱ マクロ「リセット」を実行しましょう。

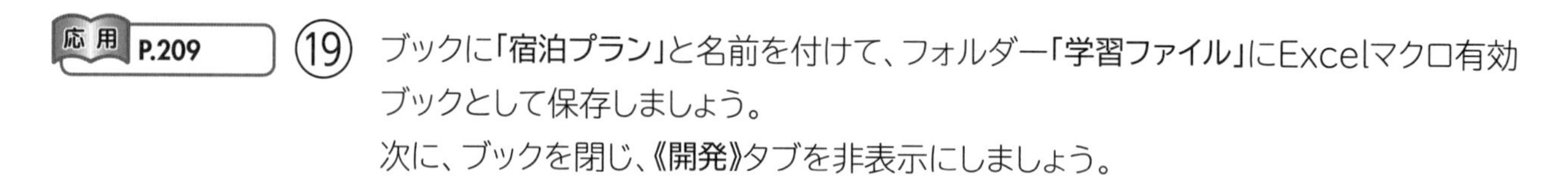

応用 P.209 ⑲ ブックに「**宿泊プラン**」と名前を付けて、フォルダー「**学習ファイル**」にExcelマクロ有効ブックとして保存しましょう。
次に、ブックを閉じ、《**開発**》タブを非表示にしましょう。

応用 P.210 ⑳ ブック「**宿泊プラン**」を開いて、マクロを有効にしましょう。

応用 P.42 ㉑ 「**客室タイプ**」が「**和室**」のセルに「**濃い緑の文字、緑の背景**」の書式を設定しましょう。

基礎 P.205,207 ㉒ ㉑で書式を設定したセルが表の上部に来るように並べ替え、さらに「**2名1室**」を昇順に並べ替えましょう。

応用 P.207 ㉓ マクロ「リセット」を実行しましょう。

※ブックを保存せずに閉じておきましょう。

よくわかる

よくわかる
Microsoft® Excel® 2016 ドリル
(FPT1607)

2016年８月２日　初版発行
2022年７月14日　第２版第４刷発行

著作／制作：富士通エフ・オー・エム株式会社

発行者：山下　秀二

発行所：FOM出版（富士通エフ・オー・エム株式会社）
〒144-8588 東京都大田区新蒲田1-17-25
株式会社富士通ラーニングメディア内
https://www.fom.fujitsu.com/goods/

印刷／製本：株式会社広済堂ネクスト

表紙デザインシステム：株式会社アイロン・ママ

FOM出版のシリーズラインアップ

定番の よくわかる シリーズ

■Microsoft Office

「よくわかる」シリーズは、長年の研修事業で培ったスキルをベースに、ポイントを押さえたテキスト構成になっています。すぐに役立つ内容を、丁寧に、わかりやすく解説しているシリーズです。

❶学習内容はストーリー性があり実務ですぐに使える！

❷操作に対応した画面を大きく掲載し視覚的にもわかりやすく工夫されている！

❸丁寧な解説と注釈で機能習得をしっかりとサポート！

❹豊富な練習問題で操作方法を確実にマスターできる！自己学習にも最適！

■セキュリティ・ヒューマンスキル

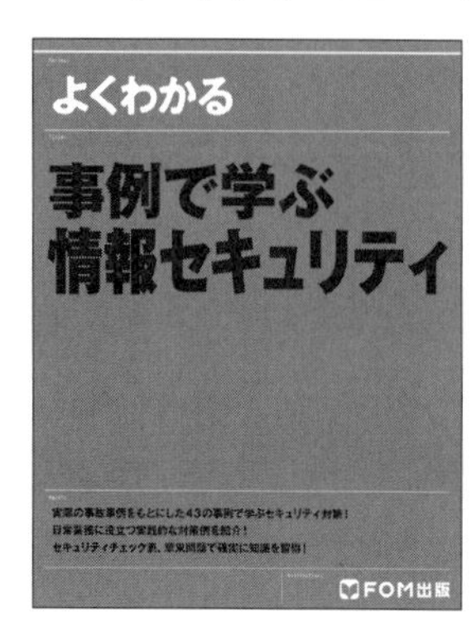